全国渔业船员培训统编教材

农业部渔业渔政管理局 组织编写

U0686391

海洋小型船舶机驾

（海洋渔业船舶机驾长适用）

陈耀中 王希兵 主编

中国农业出版社

图书在版编目（CIP）数据

海洋小型船舶机驾：海洋渔业船舶机驾长适用／陈耀中，王希兵主编．—北京：中国农业出版社，2017.1（2018.5 重印）

全国渔业船员培训统编教材

ISBN 978 - 7 - 109 - 22628 - 9

Ⅰ.①海…　Ⅱ.①陈… ②王…　Ⅲ.①渔船-船舶驾驶-驾驶术-技术培训-教材　Ⅳ.①U674.4

中国版本图书馆 CIP 数据核字（2017）第 009526 号

中国农业出版社出版

（北京市朝阳区麦子店街 18 号楼）

（邮政编码 100125）

策划编辑　郑　珂　黄向阳

文字编辑　张雯婷

三河市君旺印务有限公司印刷　新华书店北京发行所发行

2017 年 3 月第 1 版　2018 年 5 月河北第 2 次印刷

开本：700mm×1000mm　1/16　印张：7.5

字数：110 千字

定价：40.00 元

（凡本版图书出现印刷、装订错误，请向出版社发行部调换）

全国渔业船员培训统编教材
编审委员会

全国渔业船员培训统编教材
编辑委员会

主　编　刘新中
副主编　朱宝颖
编　委（按姓氏笔画排序）

海洋小型船舶机驾

（海洋渔业船舶机驾长适用）

编写委员会

主　编　陈耀中　王希兵

编　者　陈耀中　王希兵　陆　跃

　　　　杨　春　冯均健　王春雷

丛书序

安全生产事关人民福祉，事关经济社会发展大局。近年来，我国渔业经济持续较快发展，渔业安全形势总体稳定，为保障国家粮食安全、促进农渔民增收和经济社会发展作出了重要贡献。"十三五"是我国全面建成小康社会的关键时期，也是渔业实现转型升级的重要时期，随着渔业供给侧结构性改革的深入推进，对渔业生产安全工作提出新的要求。

高素质的渔业船员队伍是实现渔业安全生产和渔业经济持续健康发展的重要基础。但当前我国渔民安全生产意识薄弱、技能不足等一些影响和制约渔业安全生产的问题仍然突出，涉外渔业突发事件时有发生，渔业安全生产形势依然严峻。为加强渔业船员管理，维护渔业船员合法权益，保障渔民生命财产安全，推动《中华人民共和国渔业船员管理办法》实施，农业部渔业渔政管理局调集相关省渔港监督管理部门、涉渔高等院校、渔业船员培训机构等各方力量，组织编写了这套"全国渔业船员培训统编教材"系列丛书。

这套教材以农业部渔业船员考试大纲最新要求为基础，同时兼顾渔业船员实际情况，突出需求导向和问题导向，适当调整编写内容，可满足不同文化层次、不同职务船员的差异化需求。围绕理论考试和实操评估分别编制纸质教材和音像教材，注重实操，突出实效。教材图文并茂，直观易懂，辅以小贴士、读一读等延伸阅读，真正做到了让渔民"看得懂、记得住、用得上"。在考试大纲之外增加一册《渔业船舶水上安全事故案例选编》，以真实事故调查报告为基础进行编写，加以评论分析，以进行警示教育，增强学习者的安全意识、守法意识。

  相信这套系列丛书的出版将为提高渔民科学文化素质、安全意识和技能以及渔业安全生产水平，起到积极的促进作用。

  谨此，对系列丛书的顺利出版表示衷心的祝贺！

农业部副部长

2017 年 1 月

前 言

根据《中华人民共和国渔业船员管理办法》（农业部令 2014 年第 4 号）和《农业部办公厅关于印发渔业船员考试大纲的通知》（农办渔〔2014〕54 号）中关于渔业船员理论考试和实操评估的要求，以及农业部渔业渔政管理局关于渔业船员培训工作的指示精神，新的渔业船员培训将全面推行理论与实操评估相结合，强化渔业船员实际操作水平的培训与考试。

为适应渔业船员培训新要求，规范渔业船员培训内容，指导和帮助渔业船员进行适任考试前的培训和学习，江苏渔港监督局组织具有丰富教学、培训经验的专家编写了《海洋小型船舶机驾（海洋渔业船舶机驾长适用）》一书。本书在编写过程中，力求注重以下几个方面：一是紧扣大纲，紧密围绕考试大纲要求展开；二是难度适中，兼顾考试大纲要求与渔业船员文化、年龄层次等实际状况；三是注重实操，围绕生产实际，力求理论通俗易懂；四是图文并茂，采用大量的图片，直观易懂，便于理解和掌握。

本书共分四章，由陈耀中、王希兵任主编并统稿，具体分工为：第一章渔船驾驶，由陆跃编写；第二章船舶避碰，由杨春编写；第三章轮机常识，由冯均健、王希兵编写；第四章渔业法规，由王春雷编写。

由于编者水平有限、时间仓促，书中难免存在疏误或不妥之处，恳请领导、专家、同仁和读者多提宝贵意见和建议，以便及时修订。

本教材在编写、出版工作中，得到了农业部渔业渔政管理局以及辽宁、山东、浙江等省份渔港监督机构、渔业船员培训机构的关心和大力支持，特致谢意。

编　者

2017 年 1 月

目 录

第一章　渔船驾驶

第一节　基础知识

船舶在海上航行时，必须确定船舶的位置、航向和航程，实现这一目的需要通过在地球表面建立坐标系和确定方向的基准线来实现。

一、地理坐标

（一）地球上基本点、线、圈
地球上基本点、线、圈由地轴、地极、赤道、子午线、格林经线和纬度平行圈组成（图 1-1）。

1. 地轴
地球的自转轴（$\overline{P_N P_S}$）。

2. 地极
地轴与地球表面相交的两点，在北半球的点叫做北极 P_N，在南半球的点叫做南极 P_S。

3. 赤道
通过地心并与地轴垂直的平面和地球表面相交所得的大圆（qq'）。它将地球分为南、北两个半球，包含北极的半球称为北半球，包含南极的半球称为南半球。它是地理坐标的基准圈。

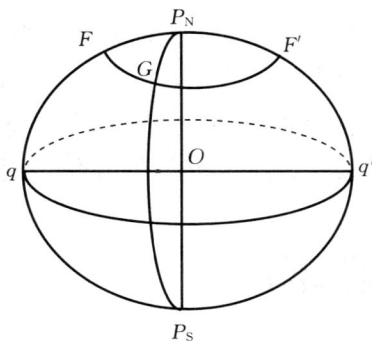

图 1-1　地球上的点、线、圈

4. 子午线
又称经线，地球南北两极之间的半个大圆（$P_N F q P_S$）。

5. 格林经线
通过英国伦敦格林威治天文台旧址的经线（$P_N G P_S$），又称本初子午线或零度经线。它是地理坐标的基准线。

6. 纬度平行圈简称纬圈

平行于赤道的小圆（FGF'）。纬圈的一段圆弧称为纬线。

（二）地理坐标

地理坐标是用经度、纬度表示地面点位置的球面坐标。

1. 地理纬度（φ）

地理纬度简称纬度——地球椭圆子午线上某点法线与赤道面的夹角，用 φ 或 Lat 表示（图1-2）。度量方法是从赤道起，向北或向南计量，范围是 $0°\sim90°$，从赤道向北计算的叫北纬，用"N"表示；向南计算的叫南纬，用"S"表示，如北京的地理纬度为：

$$\varphi=39°54'.4N$$

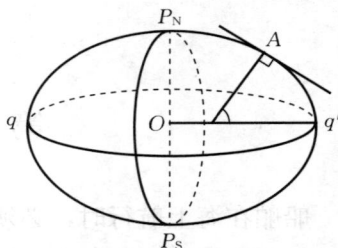

图1-2　地理纬度示意

2. 地理经度（λ）

地理经度简称经度——格林经线与某点经线在赤道上所夹的短弧长，或该短弧所对的球心角（或极角），用 λ 表示（图1-3）。度量方法是从格林经线起，在赤道上向东或向西量到通过该点的经线止，范围是 $0°\sim180°$，从格林经线向东计算的叫东经，用"E"表示；向西计算的叫西经，用"W"表示，如北京的地理经度为：

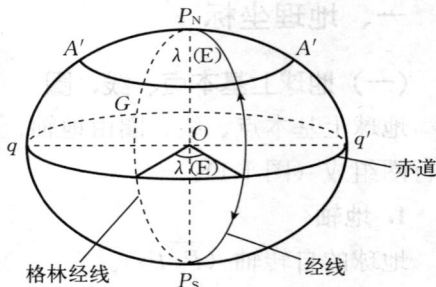

$$\lambda=116°28'.2E$$

图1-3　地理经度示意

读一读

海　图

海图是地图的一种。它是以海洋及其毗邻的陆地为描述对象，为航海的需要而专门绘制的一种地图。海图上详细地标绘了航海所需的各种资料，如：岸形、岛屿、浅滩、沉船、水深、底质、碍航物和助航设施等。

海图中的 90% 是利用墨卡托投影，即等角正圆柱投影原理所绘制的。具有以下特点：

① 图上经线为南北向相互平行的直线，其上有量取纬度与距离用的纬

度图尺；纬线为东西向相互平行的直线，其上有量取经度的经度图尺，且经线与纬线相互垂直。

②　图上经度1′（1赤道里）的长度相等，但纬度1′（1 n mile）的长度随纬度升高而逐渐变长，存在纬度渐长现象。

③　恒向线在图上为直线。

④　具有等角特性，在图上所量取的物标方位角与地面对应角相等。

⑤　图上同纬度纬线的局部比例相等，不同纬度的局部比例尺，随纬度的升高而增大。

❥ 读一读

船舶定位设备

北斗卫星导航系统（BeiDou Navigation Satellite System，缩写为BDS）是我国自主研发、独立运行的全球卫星导航系统。北斗卫星导航系统于2011年12月27日起投入运营，能快速定位、简短通信和精密授时，覆盖中国及周边国家和地区，24 h全天候服务；特别适合集团用户大范围监控与管理，以及无依托地区数据采集用户数据传输的应用；独特的中心节点式定位处理和指挥型用户机设计，可同时标示出"我在哪"和"你在哪"；自主系统，高强度加密设计，安全、可靠、稳定，适合关键部门应用。

GPS是英文Global Positioning System（全球定位系统）的简称，GPS由空间部分、地面部分和用户接收机三部分组成。

二、方向的确定与划分

船舶驾驶员驾驶船舶从起航点驶向到达点，首先必须明确到达点在起航点的什么方向上，然后沿着这个方向航行，才能到达目的地。所谓方向是指空间的指向。

（一）基本方向的确定

航海上所指的方向是在测者地面真地平平面上的指向（图1-4）。测者站在A点，A'为测者的眼睛，AA'为测者眼高，通过测者眼睛A'且与测者铅

垂线 OA' 垂直的平面 NESW 即为测者地面真地平平面；P_NAqP_Sq' 为测者子午圈平面，过测者铅垂线 OA' 且与测者子午圈平面相垂直的平面为测者东西圈（天文上又称卯酉圈）平面。测者子午圈平面与测者地面真地平平面的交线 NS 称为南北线，其中靠近北极 P_N 一端的方向为正北方向，用"N"表示；相反的方向为正南方向，用"S"表示。测者东西圈平面与测者地面真地平平面的交线 EW 称为东西线，当测者面向正北方向时，右手所指方向为正东方

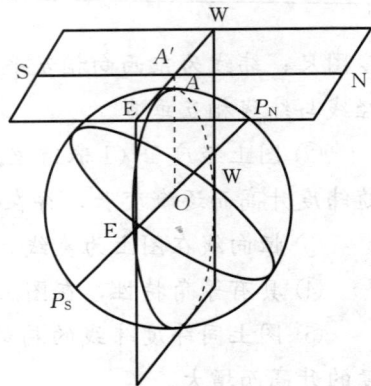

图 1-4　基本方向确定示意

向，用"E"表示；左手所指方向为正西方向，用"W"表示，为记忆方便，请记住"面北背南，左西右东"。

（二）方向的划分

仅有四个基本方向是远远不能满足航海实际需要的，还需要在这四个基本方向的基础上更详细地划分。航海上划分方向的方法有三种。

1. 圆周法

圆周法是航海上表示方向最常用的一种方法。它是从正北开始，按顺时针方向度量，由 $000°\sim360°$，其中正北方向为 $000°$，正东方向为 $090°$，正南方向为 $180°$，正西方向为 $270°$。为区别其他方向的表示方法，在书写圆周法方向时要用三位数字表示，如 $030°$、$097°$ 等。

2. 半圆法

半圆法主要用在航海天文计算中，表示天体的方向。它是将测者地面真地平平面分成 2 个 $180°$ 的半圆，然后从北向东、南向东、北向西、南向西各以 $0°$ 计量到 $180°$。半圆法除用度数表示大小外，还在度数后面用 2 个字母标明方向的起算点和计量方向，其中第一个字母表示该方向从北点（N）还是南点（S）起算；第二个字母表示方向起算后是向东（E）还是向西（W）计量，如 $35°NE$，表示 $35°$ 的方向是以（N）点开始起算，向 E 计量。

3. 罗经点法

在罗经面板上列出 32 个方向（又称 32 个罗经点），在粗略表示方向的时候，可以用这种方法（图 1-5）。平时收听的天气预报，表示风向用的就是罗经点表示的，如预报明天风向为"北"，并不表示每时每刻的风向都是

000°，而是一个大概的方向，因为大自然中的风向每时每刻都在变化着。将测者地面真地平平面分成 32 个方向的方法就是罗经点法。每个点（即每两个方向之间间隔）为 11°.25。罗经点由 4 个基点（N、E、S、W）、4 个隅点（NE、SE、NW、SW）、8 个三字点（NNE、ENE、ESE、SSE、SSW、WSW、WNW、NNW）和16 个偏点（N′E、NE′N、NE′E……）组成，其所有点均冠有方向名称。

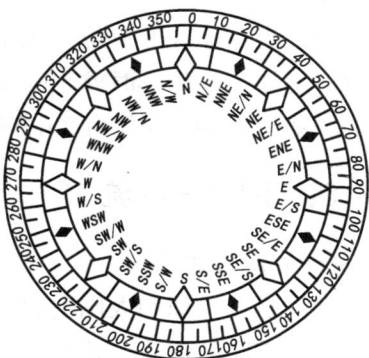

图1-5 罗经点示意

读一读

磁 罗 经

指南针是我国四大发明之一，磁罗经就是在指南针的基础上发展起来的一种指向仪器（图1-6）。它是利用磁针在地磁场作用下能指向磁北的原理而制作的，且不依赖任何外界条件就能工作。基于此，船舶上配备的标准罗经就是磁罗经。

图1-6 磁罗经

三、航海常用单位

（一）海里（n mile）
海里是航海上最常用的长度单位，地球椭圆子午线上纬度 1′ 所对的弧长为 1 n mile。在我国采用 1 n mile＝1 852 m。

（二）链
计量 1 n mile 以下短距离的一种长度单位，等于 1/10 n mile，约185.2 m。

（三）米（m）
国际通用长度单位，航海上常用它作为计量高程和水深的单位。

（四）节（kn）

海上表示速度的单位，用于表示航速或流速，即每小时航程或流程的海里数。例如某船每小时航程为 8 n mile，称为航速 8 kn；某海区潮流流速为 2 kn，表示每小时流程为 2 n mile。

四、潮汐与潮流

（一）潮汐定义

潮汐是在月球和太阳引力作用下，海洋水面周期性的涨落现象。在白天的称潮，夜间的称汐，总称"潮汐"。习惯上把海面垂直方向涨落称为潮汐，而海水在水平方向的流动称为潮流。

（二）潮汐类型

1. 半日潮型

一个太阳日内出现两次高潮和两次低潮，前一次高潮和低潮的潮差与后一次高潮和低潮的潮差大致相同，涨潮过程和落潮过程的时间也几乎相等（6 h 12.5 min）。我国渤海、东海、黄海的多数地点为半日潮型，如大沽、青岛、厦门等。

2. 全日潮型

一个太阳日内只有一次高潮和一次低潮。如我国南海汕头、渤海秦皇岛等。南海的北部湾是世界上典型的全日潮海区。

3. 混合潮型

一个月内有些日子出现两次高潮和两次低潮，但两次高潮和低潮的潮差相差较大，涨潮过程和落潮过程的时间也不等；而另一些日子则出现一次高潮和一次低潮。我国南海多数地点属混合潮型。如榆林港，15 d 出现全日潮，其余日子为不规则的半日潮，潮差较大。

尽管潮汐类型有所不同，但在农历每月初一、十五以后的 2～3 d 内，都有发生一次潮差最大、潮水涨得最高、落得最低的大潮。在农历每月初八、二十三以后的 2～3 d 内，都有一次潮差最小、潮水涨得不太高、落得也不太低的小潮。

（三）潮汐术语

1. 潮高基准面

潮高基准面是指潮高的起算面。在绝大多数情况下，潮高基准面与海图深度基准面相一致，即：实际水深＝海图水深＋潮高

2. 平均海面

在不同的气象和天文条件下，海面的高度往往不一致。我国统一取黄海的平均海面作为高程的起算面。它位于青岛验潮站水尺零点之上 2.38 M。

3. 平均海面季节改正值

由于海面水位高度会受气象和季节而变化，因此平均海面的高度也会随季节的不同而稍有变化。统计多年的每月平均海面与每年的平均海面高度之差，称为平均海面季节改正值，单位为 cm。

4. 高潮

在一个潮汐周期内，某海域海面升到最高位置时叫高潮。

5. 低潮

在一个潮汐周期内，海面降到最低位置时叫低潮。

6. 高潮潮时

高潮的发生时刻叫高潮潮时。

7. 低潮潮时

低潮的发生时刻叫低潮潮时。

8. 平潮

在高潮发生后，海面出现的暂停升降的现象，称为平潮。

9. 停潮

在低潮发生后，海面出现的暂停升降的现象，称为停潮。

10. 涨潮、落潮、涨潮时间、落潮时间、平潮时间

海面从低潮上升到高潮的过程，称为涨潮，其时间间隔称为涨潮时间；海面从高潮降低到低潮的过程，称为落潮，其时间间隔称为落潮时间；海面暂停升降的时间称为平潮时间。

11. 潮高、潮差

从潮高基准面到实际海面的高度叫潮高。高潮时的潮高叫高潮高，低潮时的潮高叫低潮高。相邻的高潮潮高或低潮潮高之差叫潮差。

（四）简易潮汐推算

用阴历日期推算求高低潮时，虽然是一种概略方法，但计算简单，易学好用，在一般情况下准确性可以满足渔船需要，目前已为广大渔民广泛采用。

此法是根据阴历日期和计算公式计算出月亮中天时间，然后查"潮汐表"找出某港的平均高潮间隙，再求出某港高低潮时。

对于半日潮港而言，高潮与低潮的时间间隔是 6 h 12 min，高（低）潮与相邻的高（低）潮的时间间隔是 12 h 25 min。高（低）潮前、后约 6 h 12 min，都是低（高）潮，高（低）潮前、后约 12 h 25 min，仍为高（低）潮，所以只要算出某地某日的高潮潮时，就可推知同日的低潮潮时和另一次高潮潮时。

因此，对于半日潮港来说，可用下列方法（俗称八分算潮法）求概略潮时。

高（低）潮潮时＝（某日农历日期－1）×0.8＋平均高（低）潮间隙（上半月）

高（低）潮潮时＝（某日农历日期－16）×0.8＋平均高（低）潮间隙（下半月）

另一次高（低）潮潮时＝高（低）潮潮时±12 h 25 min

八分算潮法只适用于计算半日潮港潮汐，推算方法条件简单，计算容易，但有一定的误差，可作一般参考。如果要求较准确的潮时，可根据当地当日的月中天时刻对平均高、低潮间隙进行改正，然后再计算。

例：求 1990 年 3 月 19 日（农历二月廿三）天生港的高低潮潮时。

解：查天生港的平均高潮间隙 0353，平均低潮间隙 1113。

高潮潮时＝（23－16）×0.8＋0353＝0536＋0353＝0929

低潮潮时＝（23－16）×0.8＋1113＝0536＋1113＝1649

另一高潮潮时＝0929＋1224＝2153

另一低潮潮时＝1649－1224＝0425

故天生港 3 月 19 日的高低潮潮时如下：

高潮潮时＝0929

低潮潮时＝1649

另一高潮潮时＝2153

另一低潮潮时＝0425

五、潮流

（一）定义
潮流是由于潮汐形成海水周期性的涨、落而引起的海水水平方向的流动。

（二）分类

1. 往复流
在海峡、河道、港湾和沿岸一带，由于受地形影响，潮流以相反的两个方向交互流动（流向相差 180°），称为往复流。涨潮时，海水从外海向内海流动，称为涨潮流；落潮时，海水从内海向外海流动，称为落潮流。

潮流由涨向落或者由落向涨的变化，即潮流流向发生约 180°变化时，流速接近于零，此时称为转流，也称平流或憩流，其中间时刻，称为转流时间。

2. 回转流

潮流方向随时间的变化而逐渐转换，成 360°周期性的旋转运动，多发生在外海、海湾或广阔的海区，没有憩流现象。在北半球多为顺时针方向旋转，在南半球多为逆时针方向旋转。半日潮流一日内流向旋转两周，日潮流一日内流向旋转一周。

第二节　助航标志

一、助航标志的种类

（一）助航标志符号

1. 灯塔

装有高光强灯器，射程一般不小于 15 n mile，还有同时装有音响或无线电助航设备，通常设在沿海、港口等重要位置的塔形大型固定标志。

2. 灯桩

设置在陆地上或水中指定位置并发光的固定标志。

3. 立标

设置在陆地上或水中指定位置上不发光的固定标志。

4. 导标

在同一垂直面上，由两座或两座以上构成一条方位线，一般设置于狭窄航道上作为指向的设施，又称叠标。

5. 浮标

是指锚碇在指定的位置具有一定形状、尺寸和颜色等特征的浮动标志，装有灯器的浮标，简称灯浮标。

6. 雷达应答器

与船用雷达配合使用，工作在航海雷达频段内的接收和发射设备。

（二）灯光的性质

不同的灯标是用灯质来区分的。灯质包括光色、灯光节奏和灯光周期。

1. 光色

就是灯光的颜色。常见的有白、红、绿、黄光四种颜色。

2. 灯光节奏

是指灯光周期性的明暗规律。例如定光、闪光、联闪光、明暗光、联明暗光、等间光、互闪光、互联闪光、互明暗光、长闪光、短闪光、快闪光、快联闪光、甚快闪光、甚快联闪光、莫尔斯灯光等。

3. 灯光周期

是指有节奏的灯光，自开始到以同样的节奏重复时所经过的时间间隔。单位为秒。

4. 光弧

船舶自海上能够看到灯塔（灯桩）灯光的方向范围。光弧界限依顺时针方向标记，方位为海上视灯光的真方位。光弧中有不同颜色者，均分别注明。

5. 海图上灯标符号的识别举例

互闪白红 15 s 50 m 18 n mile：表示该灯塔有白红两种颜色的闪光，闪光周期 15 s，该灯塔高 50 m，灯光射程 18 n mile。

二、中国海区水上助航标志

我国海区水上航标适用于中国海区及其海港，包括通海河口所设置的浮标和水中固定的标志（指水中立标和灯桩，不包括灯塔、扇导标、灯船和大型助航浮标）。

标志特征的区别方法：白天以标志的颜色、形状或顶标来表示；夜间以标志的灯质，即光色、节奏和周期来表示。

（一）侧面标志

侧面标志是依航道走向安排的，用以标示航道两侧界限；或者标示推荐航道或特定航道。侧面标志包括航道左侧标、右侧标和推荐航道左侧标、右侧标。

1. 航道左侧标、右侧标

航道左侧标和右侧标分别设在航道的左侧和右侧，标示航道左侧和右侧界线（图 1-7）。顺航道走向行驶的船舶应将航道左侧标和右侧标置于该船的左舷和右舷通过。

航道左侧标和右侧标的特征应符合表 1-1 的规定。

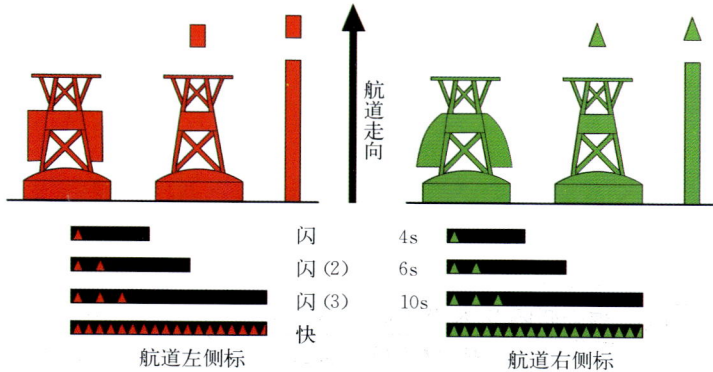

图 1-7　航道左侧标、右侧标

表 1-1　航道左侧标、右侧标的特征

特征	航道左侧标	航道右侧标
颜色	红色	绿色
形状	罐形，或装有顶标的柱形或杆形	锥形，或装有顶标的柱形或杆形
顶标	单个红色罐形	单个绿色锥形，锥顶向上
灯质	红光，单闪，周期 4 s	绿光，单闪，周期 4 s
	红光，联闪 2 次，周期 6 s	绿光，联闪 2 次，周期 6 s
	红光，联闪 3 次，周期 10 s	绿光，联闪 3 次，周期 10 s
	红光，连续快闪	绿光，连续快闪

2. 推荐航道左侧标、右侧标

推荐航道左侧标和右侧标设立在航道分岔处，也可设置在特定航道（图 1-8）。船舶沿航道航行时，推荐航道左侧标标示推荐航道或特定航道在其右侧；推荐航道右侧标标示推荐航道或特定航道在其左侧。

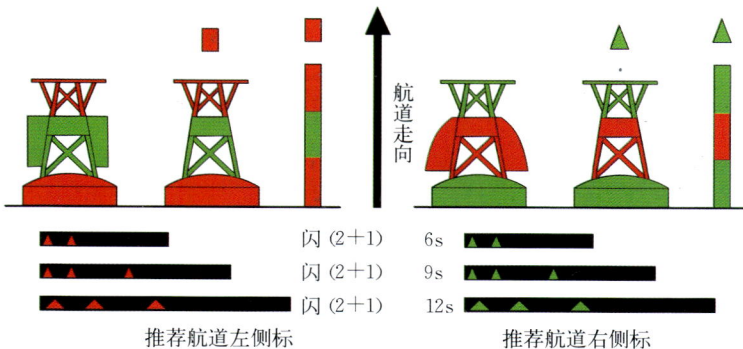

图 1-8　推荐航道左侧标、右侧标

推荐航道左侧标、右侧标的特征应符合表 1-2 的规定。

表 1-2　推荐航道左侧标、右侧标的特征

特征	推荐航道左侧标	推荐航道右侧标
颜色	红色，中间一条绿色宽横带	绿色，中间一条绿色宽横带
形状	罐形，装有顶标的柱形或杆形	锥形，装有顶标的柱形或杆形
顶标	单个红色罐形	单个绿色锥形，锥顶向上
灯质	红光，混合联闪 2 次加 1 次，周期 6 s	绿光，混合联闪 2 次加 1 次，周期 6 s
	红光，混合联闪 2 次加 1 次，周期 9 s	绿光，混合联闪 2 次加 1 次，周期 9 s
	红光，混合联闪 2 次加 1 次，周期 12 s	绿光，混合联闪 2 次加 1 次，周期 12 s

（二）方位标志

方位标志设在以危险物或危险区为中心的北、东、南、西四个象限内，即真方位西北～东北，东北～东南，东南～西南，西南～西北，并对应设置北方位标、东方位标、南方位标、西方位标，分别标示在该标的同名一侧为可航行水域（图 1-9）。方位标也可设在航道的转弯、分支汇合处或浅滩的终端。

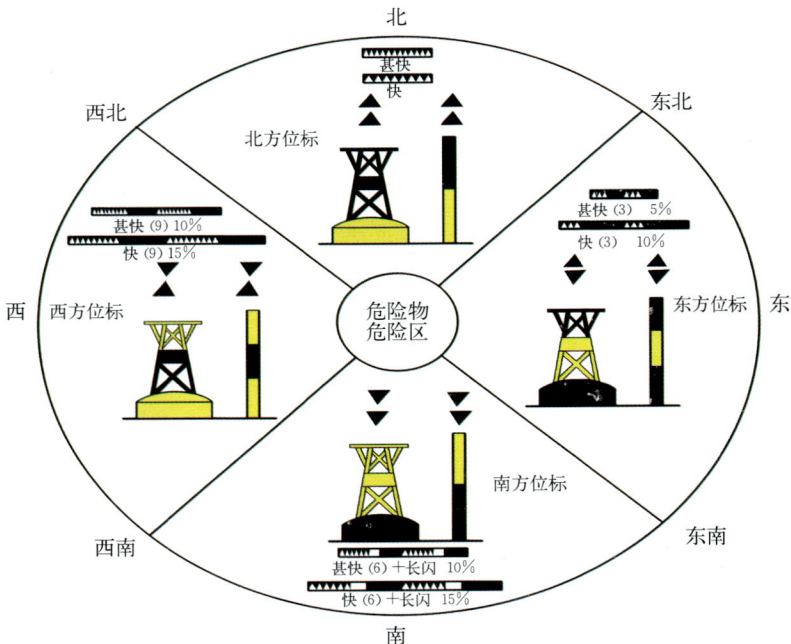

图 1-9　方位标志示意

北方位标设在危险物或危险区的北方，船舶应在该标的北方通过；东方位标设在危险物或危险区的东方，船舶应在该标的东方通过；南方位标设在危险物或危险区的南方，船舶应在该标的南方通过；西方位标设在危险物或危险区的西方，船舶应在该标的西方通过。方位标志的特征应符合表1-3的规定。

表1-3　方位标志的特征

特征	北方位标	东方位标	南方位标	西方位标
颜色	上黑下黄	黑色，中间一条黄色宽横带	上黄下黑	黄色，中间一条黑色宽横带
形状	装有顶标的柱形或杆形			
顶标	上下垂直设置的两个锥体			
	锥顶均向上	锥底相对	锥顶均向下	锥顶相对
灯质	白光，连续甚快闪	白光，联甚快闪3次，周期5 s	白光，联甚快闪6次加一长闪，周期10 s	白光，联甚快闪9次，周期10 s
	白光，连续快闪	白光，联快闪3次，周期10 s	白光，联快闪6次加一长闪，周期15 s	白光，联快闪9次，周期15 s

（三）孤立危险物标志

孤立危险物标志设置或系泊在孤立危险物之上，或尽量靠近危险物的地方，标示孤立危险物所在（图1-10）。船舶应参照航海资料，避开本标航行。

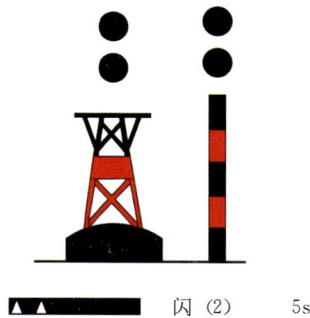

闪（2）　　5s

图1-10　孤立危险物标志

孤立危险物标志特征应符合表1-4的规定。

表 1-4　孤立危险物标志的特征

特征	孤立危险物标志
颜色	黑色，中间有一条或数条红色宽横带
形状	装有顶标的柱形或杆形
顶标	上下垂直的两个黑色球形
灯质	白光，联闪 2 次，周期 5 s

（四）安全水域标志

安全水域标志设在航道中央或航道的中线上，标示其周围均为可航行水域；也可代替方位标或侧面标指示接近陆地（图 1-11）。

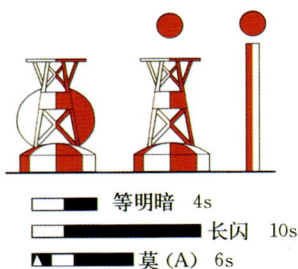

图 1-11　安全水域标志

安全水域标志的特征应符合表 1-5 的规定。

表 1-5　安全水域标志的特征

特征	安全水域标志
颜色	红白相间竖条
形状	球形，或装有顶标的柱形或杆形
顶标	单个红色球形
灯质	白光，等明暗，周期 4 s
	白光，长闪，周期 10 s
	白光，莫尔斯信号"A"，周期 6 s

（五）专用标志

专用标志是用于标示特定水域或水域特征的标志（图 1-12）。

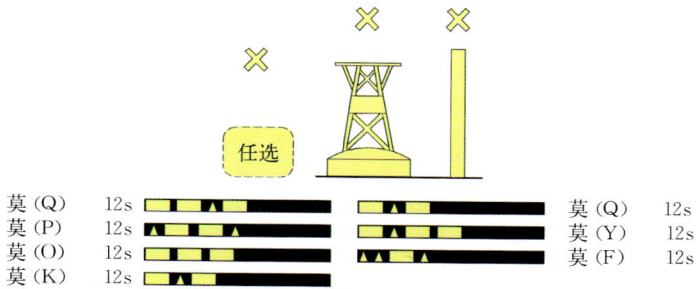

图 1-12　专用标志

专用标志的特征应符合表 1-6 的规定。

表 1-6　专用标志的特征

特征	专用标志
颜色	黄色
形状	不与浮标和水中固定标志相抵触的任何形状
顶标	黄色，单个"×"形
灯质	符合表 1-7 的规定

专用标志按用途划分，主要包括以下七类：

（1）**锚地**　船舶停泊及检疫锚地等。

（2）**禁航区**　军事演习区等。

（3）**海上作业区**　海洋资料探测、航道测量、水文测验、潜水、打捞、海洋开发、抛泥区、测速场、罗盘校正场等。

（4）**分道通航**　分道通航区、分隔带等，当使用常规助航标志标示分道通航可能造成混淆时可使用。

（5）**水中构筑物**　电缆、管道、进水口、出水口等。

（6）**娱乐区**　体育训练区、海上娱乐场等。

（7）**水产作业区**　水产定置网作业区和养殖场等。

专用标志应在标体明显处设置标示其用途的标记，并应在水上从任何水平方向观测时都能看到。具体规定见表 1-7。

在特殊情况下，超出本标准所列专用标志的七种用途时，经航标管理机关批准，可另行确定灯质和标记。

表 1-7　专用标志的主要用途

用途种类	标记		灯质		
	颜色	图形标志	光色	闪光节奏	周期（s）
锚地	黑			莫尔斯信号"Q" —— —— • ——	
禁航区	黑			莫尔斯信号"P" • —— —— •	
海上作业区	红/白			莫尔斯信号"O" —— —— ——	
分道通航	黑		黄	莫尔斯信号"K" —— • ——	12
水中构筑物	黑			莫尔斯信号"C" —— • —— •	
娱乐区	红/白			莫尔斯信号"Y" —— • —— ——	
水产作业区	黑			莫尔斯信号"F" • • —— •	

注：可以 15 s 为备用周期。

三、内河助航标志

内河助航标志（以下简称内河航标）是反映航道尺度，确定航道方向，标志航道界限，引导船舶安全航行的标志。

驾引人员必须熟悉航道及航标，正确利用航标来判定和核定船位，引导船舶安全航行。

内河航标按功能可分为航行标志、信号标志、专用标志三类。

（一）航行标志

指示航道方向、界限与碍航物的标志。包括过河标、沿岸标、导标、过渡导标、首尾导标、侧面标、左右通航标、示位标、泛滥标及桥涵标共十种。如图 1-13 至图 1-22 所示。

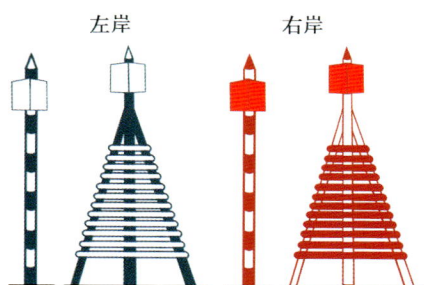

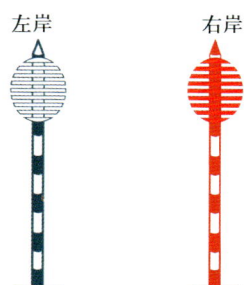

图 1-13　过河标　　　　　　　图 1-14　沿岸标

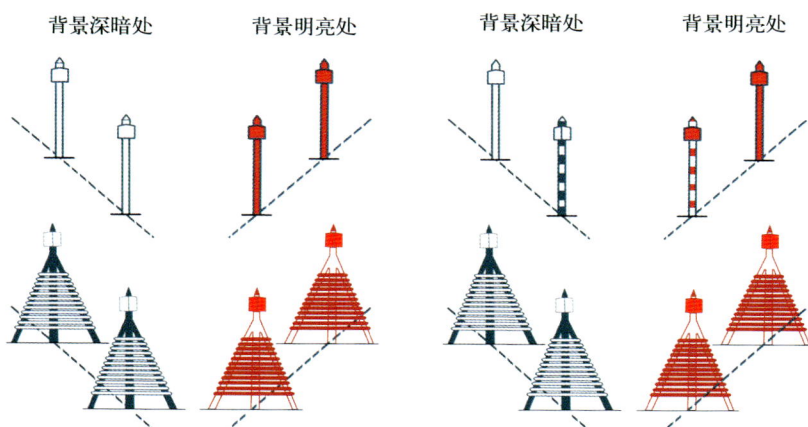

图 1-15　导　标　　　　　　　图 1-16　过渡导标

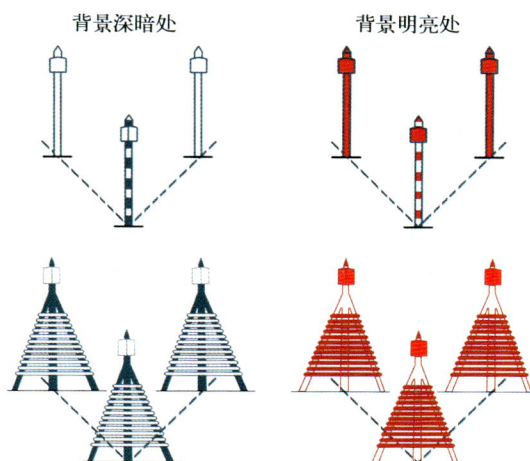

图 1-17　首尾导标

左岸一侧　　　右岸一侧

图 1-18　侧面标

图 1-19　左右通航标

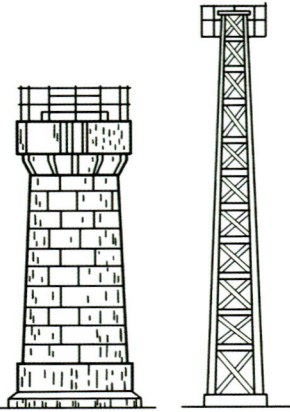

图 1-20　示位标

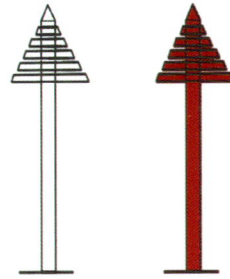

图 1-21　泛滥标

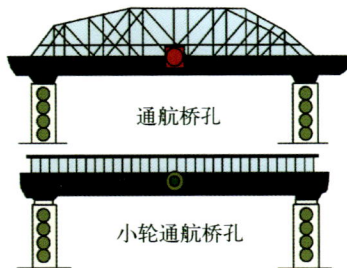

通航桥孔

小轮通航桥孔

图 1-22　桥涵标

（二）信号标志

标示有关航道信息的标志，称为信号标志，包括通行信号标、鸣笛标、界限标、水深信号标、横流标及节制闸标六种。

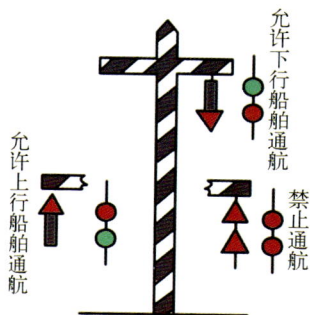

图1-23　通行信号标

图1-24　鸣笛标

图1-25　界限标

（三）专用标志

标示沿、跨航道的各种建筑物，或为标示特定水域所设置的标志，其主要功能不是为了助航的统称为专用标志，包括管线标、专用标两种。

四、识别航标注意事项

① 正确判断航道走向。航标依航道而设，航道走向是船舶在沿海、河口的航道航行时用以确定航道左右侧的根据，即浮标系习惯走向。其规定如下：

a. 从海上驶近或进入港口、河口、港湾或其他水道的方向；

b. 在外海、海峡或岛屿之间的水道，原则上指围绕大陆顺时针航行的方向；

c. 在复杂的环境中，航道走向由航标管理机关规定，并在海图上用"➡"标示。

② 通过辨别航标颜色、形状、顶标和灯质，判断出航标标志所属种类和用途。

③ 经常比照海图核对航标方位，并尽可能多识别几个航标，航标有出现移位的可能，不应把它看作为绝对可靠的助航标志，尤其注意可能出现海图上未及时更新发布的新危险物标示。

④ 识别航标期间，减速慢行，与航标保持适当距离，防止走错方向或者碰撞到航标。

⑤ 发现航标可能或者已经发生移位，应及时告知主管机关。

第三节　航行方法

一、风流对船舶操纵的影响

（一）风对船舶的影响

船舶操纵中，风对船舶会产生一定的作用力——风动力。风动力是指处于一定运动状态下的船舶，其水上部分所受的空气动压力。船舶在风的影响下，顶风减速，顺风增速。侧面受风，船首将向上风或下风偏转，并向下风漂移。而在低速行驶时，若遇强风也可能会出现舵力转舵力矩不足，船舶转向困难，操纵进退两难的情况。

1. 船舶在风中的偏转

（1）船舶静止中或航速接近于零时　船身将趋向于和风向垂直。

（2）船舶前进中　正横前来风，空载、慢速、艉倾、船舶首部受风面积大的船舶，顺风偏；满载或半载、艏倾、船尾受风面积大的船舶或高速船舶，逆风偏；正横后来风，逆风偏显著。

（3）船舶后退中　在一定风速下当船舶有一定退速时，船尾迎风，正横前来风比正横后来风显著，左舷来风比右舷来风显著。退速较低时，船舶的偏转基本上与静止时情况相同，并受到倒车横向力的影响，船尾不一定迎风。

2. 风致漂移

船舶受风作用而向下风漂移，其漂移速度随船舶速度降低而增加。停于水上的船舶受风作用时最终将保持正横附近受风，并匀速向下风横向漂移，此时，漂移速度最大。

✍ 读一读

台风与寒潮

1. 台风

台风是形成于热带或副热带 26 ℃以上广阔海面上的热带气旋，每年的夏秋季节，我国毗邻的西北太平洋上都会出现热带气旋，有的消散于海上，有的则登上陆地，带来狂风暴雨，是自然灾害的一种。国际惯例依据其中心附近最大风力分为：

① 热带低压，最大风速 6～7 级（10.8～17.1 m/s）。

② 热带风暴，最大风速 8～9 级（17.2～24.4 m/s）。

③ 强热带风暴，最大风速 10～11 级（24.5～32.6 m/s）。

④ 台风，最大风速 12～13 级（32.7～41.4 m/s）。

⑤ 强台风，最大风速 14～15 级（41.5～50.9 m/s）。

⑥ 超强台风，最大风速≥16 级（≥51.0 m/s）。

2. 寒潮

冬季的一种灾害性天气，是指来自高纬度地区的寒冷空气，在特定的天气形势下迅速加强并向中低纬度地区侵入，造成沿途地区剧烈降温、大风和雨雪天气。我国气象部门规定：冷空气侵入造成的降温，24 h 内达到 10 ℃以上，而且最低气温在 5 ℃以下，则称此冷空气爆发过程为一次寒潮过程。

（二）流对船舶操纵的影响

1. 水动力

船舶在海上航行时所受水的作用力称为水动力。船舶与水之间的这种相对运动，有的是由船舶本身自力（凭借车、舵、缆作用）所造成的，也有的是由外界条件（凭借拖船、风动力、水流作用）所造成的。

2. 流对操船的影响

（1）水流对船速和冲程的影响　船舶顺流航行时，实际船速等于静水船速加流速；顶流航行时，实际船速则等于静水船速减流速。因此，在静水船速和流速不变的条件下，顺流航行时对地船速比顶流航行时实际对地船速大两倍流速。顶流时，对地冲程减小，流速越大冲程越小；顺流时，对地冲程增加，停车后减速的过程非常缓慢，最后如不借助倒车或抛锚，将不能阻止船舶以水流速度向前漂移。

（2）流压对船舶漂移的影响　船舶首尾线与流向有一交角时，流速和静水船舶速度的合成速度，将使船舶向水流来向相反一舷运动，通常称之为流压。流压使船舶漂移，流速越大、交角越大，流压也越大；船舶速度越慢、流压也越大，漂移速度也越快。操纵时应特别警惕横压流的影响，尤其船舶以较低航速在狭窄水域航行时应特别注意漂移速度，及时修正流压差。在流水港，顶流靠泊时，根据流速的大小，摆好水流与首尾线的交角，并控制好船速，使船舶慢慢地靠上泊位。如船速和交角控制不当，尤其是急流时，交角摆得过大，船身横移就非常迅速，流压将造成压碰码头的事故。为了预防这种现象在驶近泊位时就应逐渐减小船舶首尾线与流向的交角，以使船舶安全、平稳地靠上泊位。

（3）流对旋回的影响　船舶顺流旋回时，纵距要比顶流旋回时大得多，这是由于受水流推移的缘故。在旋回过程中，船舶除了旋回运动外，还有受水流作用而产生的漂移运动。在有流水域，要掌握好转向时机。静水中可在转向依据的物标接近正横时转向；而在顺流时，应适当提前转向；顶流时应适当延迟转向。这样，在流压的推移下，使船位在转向后仍能保持在预定的航线上。

二、岛礁区航行

（一）岛礁区特点

1. 航门水道多，航道狭窄且弯曲

在岛礁区，由于岛屿星罗棋布，沿岸与岛屿之间以及岛屿与岛屿之间形成许多航门、水道，且一般均较狭窄和弯曲。由于岛屿重叠，在进入航门、水道前，往往不易辨认。

2. 航道附近危险物多

岛礁区海底地形复杂，水深变化大且不规则，有明礁、暗礁等航海危险物。由于危险物与航线接近，对航行安全威胁较大。

3. 流速大，流向复杂

岛礁区的潮流，由于受到狭窄、曲折地形的影响，因此流速较大，流向也较复杂。在水流受岛礁阻碍的水域、航门、水道口，常形成涡流和迴流，增加了船舶航行与操纵的困难。

4. 船、渔网、渔栅多

岛礁区一般是渔船集中的地方，在渔汛期，尤其是大风前后，来往渔船特多。在航道附近还可能布设有渔网和渔栅，因此船舶在岛礁海区航行时，应注意避让渔船和渔具。

5. 可供导航的物标多

在岛礁区，往往山峰众多，且在主要航道上常设有多种人工助航标志，可供船舶定位、导航和避险使用。

（二）岛礁区航行方法

1. 按叠标航行

为了使船舶能迅速准确地航行在计划航线上，在拟订航海计划选择航线时，航线两端有合适的叠标，就可将叠标线作为计划航线，航行时始终保持叠标重叠，确保船舶航行在计划航线上。如发现叠标错开，说明船舶已经偏离计划航线，应及时修正。

修正方法：面向叠标，以远标为基准，当叠标在船首方向时，近标偏右，应向右修正；近标偏左，应向左修正。当叠标在船尾方向时，修正方法与上述相反。

按标航行方法简便、可靠，因此岛礁区航行应充分利用物标多的特点，尽量选用叠标导航。

2. 按导标航行

按导标航行时，必须不断用罗经观测导标方位，当方位和预定值不符合时，说明已偏离计划航线，应及时修正。

修正方法：导标在船首，当导标方位增大，向右修正，导标在船尾方向时则相反。

在流中按导标航行，不能误认为是以船首对着导标航行。也应按上面所介绍方法，及时消除流所带来的不良影响。

（三）岛礁区避险

1. 方位避险

为避开航线一侧的危险物，如所选避险物标与危险物的连线与计划航线平行或接近平行，可采用方位避险线避险。

根据避险物标和危险物之间的相对位置关系，方位避险通常可分为表1-8所示四种情况：

表 1-8　方位避险的四种情况

相对位置关系		避险要求	方位安全变换趋势
同在航线左侧	物标在险物前方	TB≤TBO	TB 逐渐减小
	物标在险物后方	TB≥TBO	TB 逐渐减小
同在航线右侧	物标在险物前方	TB≥TBO	TB 逐渐增大
	物标在险物后方	TB≤TBO	TB 逐渐增大

2. 距离避险

当避险物标和危险物的连线与计划航线垂直或接近垂直时，可采用距离避险法避险。

采用距离避险法避险，应选择与危险物位于航线同一侧的避险物标。首先确定距危险物的最近距离 d，再进一步确定避险距离 DO。航行中，只要保持雷达所测得的船舶至该标的距离 $D \geqslant DO$，即可避离该避险物标附近的危险物。

当避险物标和危险物位于航线两侧时，应避免直接采用距离避险法避险，必要时可采用平行方位线避险法来避开航线附近的危险物。

3. 开视、闭视避险

在沿岸岛屿和热带珊瑚礁海区航行，除了利用通常的避险方法外，还可经常利用物标的闭视和开视来避险和确定转向时机。

如图 1-26 所示，船舶沿 CA_1 航行过程中，保持 A 岛和 B 岛西端闭视以及 E 角和 B 岛东端开视，即可避开航线两侧的危险区。船舶沿 CA_3 航行时，保持

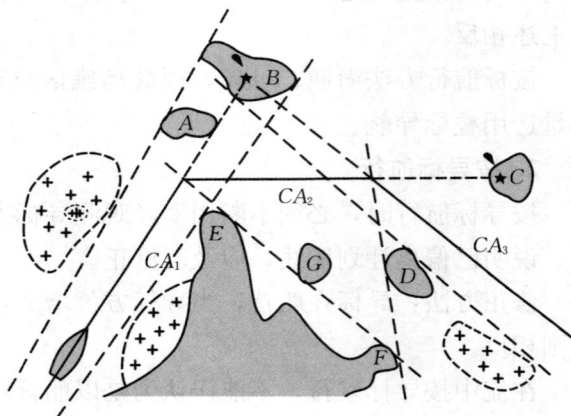

图 1-26　开视、闭视避险

B 岛南端和 D 岛北端开视，可避开航线右侧的航海危险区。

（四）岛礁区转向

1. 物标正横转向

利用转向点附近物标正横确定转向时机，简便、直观，在航海上被普遍采用。应尽可能选择转向同一侧的孤立、显著、准确的人工或自然标志作为转向物标。转向时，应根据当时船舶偏航情况和水流的顺逆，结合船舶操纵性能，适当提前或推迟转向。

2. 导标方位转向

当新航线正前方或后方有适当的导标时，可直接观测该导标方位确定转向时机。这样，不论转向前船舶是否偏离计划航线，均能确保船舶顺利地转到新航线上。

利用新航线正前方或正后方的导标，可判断转向时机。转向后，还可用它来导航。

3."开门""关门"转向

在沿岸岛屿和热带珊瑚礁海区航行，除了利用通常转向方法外，还可经常利用物标的"开门""关门"来确定转向时机。

如图 1-26 所示，船舶沿 CA_1 航行过程中，A 岛东端和 B 岛上的灯塔串视，可用于导航。E 角和 G 岛"开门"，或 E 和 F 开视，可用于确定由 CA_1 到 CA_2 的转向时机。由 CA_2 到 CA_3 的转向时机，可利用 D 岛和 F 角"关门"来确定。

"开门""关门"直观、准确、使用迅速方便，不依赖罗经，在岛礁区航行，应尽可能加以采用。

（五）航行注意事项

1. 航行前的准备工作

航行前认真研究航海、水文资料，熟悉航道、潮汐、水流、障碍物，尽量选用大比例尺海图，正确选择航线，在浅水区和狭水道航行，应特别注意使用合理的航道。

2. 保持正规瞭望

采取一切有效手段保持正规瞭望。视线不好可以加派了头，正确使用 VHF、AIS 等助航仪器，保持信息能及时有效地沟通。如果船上配有雷达，正确使用雷达并保持连续有效地观察。

3. 勤测船位

航行中，特别在通过狭窄水道和危险物多的地段，充分利用岛礁区助航标志，随时掌握船舶所在位置，是作出一切判断和处置的依据。对船位有怀疑时，应果断地立即减速、停车、倒车，甚至抛锚。

4. 注意避让船舶和网具

在航行中，还要随时做好与他船对遇或交会的思想准备，以便一旦出现这些情况能从容应对，不至于手忙脚乱导致遇险。岛礁区渔场和养殖场分布较广，船舶经常会穿越渔网区。为避免与渔船发生碰撞、损坏渔具或被绳网绞缠螺旋桨，必须谨慎驾驶，正确规避。

三、沿岸航行

（一）沿岸航行的特点

1. 不利条件

危险物、障碍物多；水深较浅，水流复杂；船只、渔网密集，航行、避让困难较大；回旋余地小。

2. 有利条件

可供定位、导航的物标多、助航标志比较全，并有详尽的海图资料。

（二）沿岸航行的注意事项

1. 正确地进行航迹推算与观测定位

沿岸航行虽然定位方便，但是不能忽视推算，否则一旦能见度变坏，就有失去船位的危险。应当对推算船位和或然航迹区心中有数。

沿岸航行应当每 30 min 测定一次船位，并能利用各种方法定位以排除单一定位方法可能存在的误差。

2. 正确地识别岸形和物标

准确地识别物标是保证定位准确的前提。当识别物标时，可以用以前学过的方法识别。

3. 注意瞭望、准确转向

沿岸航行中的很多海事，特别是碰撞事故，大部分是由于疏忽瞭望而引起的。因此，首先要有对待瞭望的正确认识和严谨的态度。海面上的任何异常现象都应当及时发现，查明原因，予以避离。必要时应当使用雷达配合瞭望。沿岸航行转向比较频繁，必须把握转向时机，准确地将船舶转到计划航线上。转向需注意以下四点：

① 转向前测定准确船位。

② 推算出预计到达转向点的时间、计算好新的航向。

③ 转向时用小舵角转向、并根据船到转向物标的横距比预定距离的大小，提前或推后转向。

④ 转向后在海图和航海日志上记下转向时间和船位，并校验转向后船是否驶上计划航线。

4. 按时收听天气预报和航海警告

沿岸水域的灯塔、灯船、雾号、定位系统、重要浮标以及海上石油勘探装置等经常发生变迁或变更，这些新的变迁多数属临时性质，一般用无线电航海警告的形式发布。那些永久性的变迁，由于核实及汇编均需一定时间，要数周乃至数月后才能编入《航海通告》，其中有些也必须用无线电航海警告的形式发布，因此，船舶在航行中要定时收听该地区的航海警告，及时掌握与航行安全有关的内容，确保沿岸航行安全。此外，还应注意收听有关气象台站的气象预报或气象传真图，如果发现船舶航进的前方有灾害性天气，应及时果断地采取安全措施，做好各项准备工作，必要时，应选择有利的避风锚地抛锚或绕航避离。

四、雾中航行

（一）雾中航行方法

（1）**加强瞭望**　派出不同高度和不同部位的瞭望人员，更要发挥雷达的作用，并且用高频电话网与他船通报情况，协同避让措施。

（2）**严守规则**　按照国际海上避碰规则（2009 年修正）的要求，采取正确的避让措施。

（3）**逐点航法**　如果在航区内有灯塔、浮标、雾号站等物标，而其周围危险物又比较少，可利用逐点航法。（由一个物标对着下一个物标航行。）

在航行中要计算到达下一物标的时间，并注意瞭望，如果不能发现物标，应当抛锚等待。

优点：可以减少推算误差。

缺点：必须故意接近物标，在浓雾中会发生危险。

在采取逐点航法时，必须弄清雾中视距为多少，以及航区情况。否则非常危险。

（二）雾中航行注意事项

1. 船舶进入雾区之前的准备工作

① 尽可能准确地测定船位，作为雾航中推算航行的起点。

② 了解周围船舶动态。

③ 及时报告船长，通知机舱备车。

④ 按章采用安全航速、施放雾号，白天打开号灯。

⑤ 开启雷达、VHF，安排并派出必要的瞭望人员。

⑥ 关闭所有水密门窗。

⑦ 全船保持肃静，打开驾驶台门窗，以保证一切必要的听觉和视觉瞭望。

2. 船舶进入雾区时的注意事项

① 船舶进入雾区航行，应适当地调整航线与陆岸的距离，保证船岸之间有足够的回旋余地。

② 充分利用雷达和 GPS 进行定位和导航。雷达是雾中航行时的重要助航设备。利用雷达进行瞭望，应注意选择适当的距离档。

③ 严格执行安全航速和遵守国际海上避碰规则。

④ 倾听声号。雾中声号的作用系向船舶警告危险所在。但不可仅凭声音的大小或有无判断船舶安全情况。因为声音在空气中有时可能不是直线传播，有时船舶虽然离声源较近，也可能听不到声音。

⑤ 加强瞭望是保证雾航安全的重要措施。有经验的瞭望人员，能及时发现船舶周围的任何微小变化。

⑥ 进入渔船密集区时应减速，用雷达认真观测周围和前方渔船动向。渔船大多是移动速度慢或成对协作捕鱼。根据其动向，正确选择驶出渔船密集区的措施。

第二章　避碰规则

第一节　驾驶和航行规则

一、避碰规则适用范围

（一）公海

（二）与公海相连并且可供海船航行的港外锚地、港口、江河、湖泊及内陆水道

与公海相连的港外锚地、港口、江河、湖泊或内陆水道，制定了地方规定的，优先执行地方规定。

在遵守避碰规则时，当船舶相遇存在碰撞危险，若教条地遵守规则无法避免事故发生，而背离规则可以减少事故导致的损失时，应背离规则。

二、船舶水上行动通则

行动通则适用于任何能见度情况，即无论能见度是好是坏，也不论白天还是黑夜。

（一）瞭望

每一船舶应经常用视觉、听觉以及适合当时环境和情况下的一切有效手段保持正规瞭望，以便对局面和碰撞危险作出充分地估计。

1. 瞭望的目的

及时发现来船，并对会遇态势及碰撞危险作出判断。

2. 瞭望的手段（图 2-1）

（1）基本手段　一是视觉，就是用眼睛观看；二是听觉，用耳朵聆听来

图 2-1　瞭望手段

船行动声号，特别是在能见度不良情况下尤其重要。

（2）**其他手段**　望远镜作为视觉的延伸，对及早发现来船帮助很大；雷达和船舶自动识别系统 AIS，能够实现远距离发现来船目标；甚高频无线电 VHF，可以询问附近来船的动态。

3. 瞭望的方法

从右舷至左舷，从正前方至正横后。

4. 瞭望的要求

瞭望人员应专职和尽责，不得兼作其他事项；了望位置应根据特定环境而设定，必要时在船舶艏艉增派水手协助瞭望；保持驾驶值班室安静，特别是能见度不良情况下；特殊情况应及时报告船长。

瞭望时，要根据船舶所处的水域环境，综合运用各种瞭望手段，避免仅依靠某一种或两种手段；瞭望时间应做到连续且不间断；瞭望应由专职驾驶员承担，值班水手协助。

小型渔船，由于目标小、雷达反射的性能弱、加之能见度和风流等因素的影响，往往不易被来船发现，这就要求我们小型渔船自身更应当加强瞭望，避免形成相遇的紧迫局面。

锚泊中的船舶，值班人员应当按照"瞭望"的要求履行瞭望职责。

（二）安全航速

安全航速，指能够在适合当时环境和情况的距离以内把船停住的速度。

1. 确定安全航速的目的

留有充分的时间采取适当而有效地避碰行动。

2. 决定安全航速考虑的因素

（1）对所有船舶应考虑以下因素

① 能见度情况。

② 通航密度，包括渔船或者任何其他船舶的密集程度。

③ 船舶的操纵性能，特别是在当时情况下的冲程和回转性能。

④ 夜间出现的背景亮光，诸如来自岸上的灯光或本船灯光的反向散射。

⑤ 风、浪和流的状况以及靠近航海危险物的情况。

⑥ 吃水与可用水深的关系。

此外，还有船舶的排水量、初始速度、主机马力，尤其是倒车功率、倒车的时间等因素。

（2）对备有雷达的船舶应考虑以下因素

① 雷达设备的特性、效率和局限性。

② 所选用的雷达距离标尺带来的任何限制。

③ 海况、天气和其他干扰源对雷达探测的影响。

④ 在适当距离内，雷达对小船、浮冰和其他漂浮物有探测不到的可能性。

⑤ 雷达探测到的船舶数目、位置和动态。

⑥ 当用雷达测定附近船舶或其他物体的距离时，可能对能见度作出更确切地估计。

（3）对备有船舶自动识别系统（AIS）的船舶应考虑　船舶自动识别系统（AIS）的功能之一，是通过在电子海图上显示所有船舶可视化的航向、航线、船名等信息，为船舶提供避免碰撞发生的信息。但必须保持设备的正常开启、保持正常观察、合理设定目标报警，避免无故不当使用的行为。

3. 安全航速的量化

影响安全航速的因素很多，作为广泛适用的国际海上避碰规则对安全航速既无高限也无低限，当然作为船长在面对特定的一艘船舶来讲，其安全航速是可以量化的。

船舶一旦发生碰撞事故，尽管你已停车并仅以微量余速在淌航，但在责任认定时仍会断定你没有倒转主机，把船完全停住。

（三）碰撞危险（图 2-2）

1. 判定碰撞危险的方法

（1）罗经观测法　使用罗经连续观测来船方位，若来船的罗经方位没有变化或者没有明显变化时，与来船间存在碰撞危险；若罗经观测来船的方位有明显的变化，有时也可能存在这种危险，特别是在驶近一艘很大的船舶，或者在近距离驶近他船和拖带船组时。

（2）雷达观测法　使用雷达观测，获取与来船间相遇的航向与最近距离，判断与来船间是否存在碰撞危险。

图 2-2　碰撞危险

（3）船舶自动识别系统观测法　使用船舶自动识别系统（AIS），获取与来船间方位与距离的变化，判断与来船间是否存在碰撞危险。

2. 判定碰撞危险的注意事项

① 每一船舶应用适合当时环境和情况的一切有效手段断定是否存在碰撞危险，如有任何怀疑，则应认为存在这种危险。

② 如装有雷达和船舶自动识别系统等设备不可正常使用的话，则应及时发现并维修更新，包括远距离扫描，以便获得碰撞危险的早期警报，并对探测到的物标进行标绘或与其相当的系统观察。

③ 不应当根据不充分的资料，特别是不充分的雷达或船舶自动识别系统观测资料作出推断。

（四）避免碰撞的行动

1. 避免碰撞的操纵方法

（1）主动、及早避让碰撞　积极地、及早地采取避让行动，并注意运用良好的船艺。只要航行环境许可，所采取的避免碰撞的任何行动，应能充分反映出"主动"与"及早"。

（2）大幅度避碰原则　所采取的避碰行动，应是大幅度地转向和（或）变速（图 2-3）。为避免碰撞而作的航向和（或）航速的任何变动，只要当时水域环境许可，应大得足以使他船用视觉或雷达观察时容易察觉到。

在相遇避让中，应防止出现对航向和（或）航速作一连串的小变动，

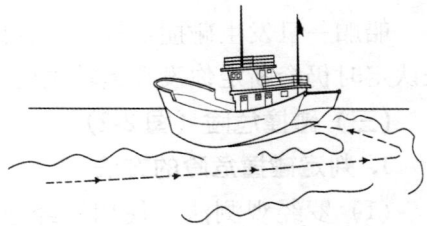

图 2-3　大幅度转向

对此要加以警惕，及时判明来船意图，从而避免形成紧迫局面，导致碰撞事故的发生。

（3）转向操纵法　如有足够的水域，通常运用转向操纵行动是避免紧迫局面的最有效行动。当然转向操纵行动必须是及时的，大幅度的并且不致造成另一紧迫局面。

2. 避免碰撞的注意事项

（1）保持船舶的安全距离　为避免与来船发生碰撞而采取的行动，应能导致在安全的距离驶过。在采取避让操纵行动过程中，应细心核查避让行动的有效性，直到最后驶过让清来船为止。

　　安全距离就是两船会遇时相互间的最小距离，理论上讲安全距离越大，会船就越安全。通常只要环境许可，避让船舶的安全距离应≥2 n mile。但在狭水道、通航密度较大等水域，对安全距离应根据船舶（操纵性能和速度）和人员（驾驶人员的技能、操船能力、对本船操纵性能的了解程度和对环境及情况的掌握程度）而确定。

　　（2）控制船舶的速度　为避免碰撞应留有更多的时间来判断当时局面，船舶应当减速、停止或者倒转推进器把船停住，必要时应运用锚泊来达到控制船舶余速的目的。

　　（3）不得妨碍另一艘船舶通过（或安全通过的船舶）　应根据当时环境的需要及早地采取行动以留出足够的水域供其他船舶安全通过。当两船相互接近有碰撞危险时，应按照驾驶和航行规则的要求进行操纵。

　　当另一艘船舶（或安全通过的船舶）在接近其他船舶致有碰撞危险时，仍应给不得被妨碍的船舶留出足够的水域，并按照规则的规定进行操纵。

（五）狭水道

1. 狭水道概念

　　狭水道，通常指可航水域的宽度狭窄、船舶操纵受到一定限制的通航水域。究竟可航水域的宽度为多少才能被认为属于狭水道，很难给出具体的量化，多年来国际也没有统一的标准。国际上习惯将宽度2 n mile左右以内的水道认为是狭水道（图2-4）。

图2-4　狭水道

　　随着船舶朝着大型化、快速化的趋势发展，船舶排水量不断增大及船舶交通密度的增加，狭水道的概念也将发生变化，以适应船舶航行安全的需要。

　　狭水道往往被理解为通海的江河或狭窄的海峡，但实际上，在冰区、岛礁区中开辟出来的一些水道以及江河、港口进出口处的一部分水道也被认定是狭水道，也适用狭水道条款。

　　狭水道、航道，通常可以理解为船舶不能自由操纵的狭长可航的水域。

2. 狭水道航行的原则

　　船舶沿狭水道或航道行驶时，只要安全可行，应尽量靠近本船右舷的该水道或航道的外缘行驶。

3. 狭水道航行的注意事项

① 从事捕鱼的船舶，不应妨碍任何其他在狭水道或航道以内航行的船舶通行。

② 船舶不应穿越狭水道或航道，如果穿越会妨碍只能在这种水道或航道以内安全航行的船舶通行。后者若对穿越船的意图有怀疑时，可以使用追越船舶所应遵守的声号。

③ 在狭水道或航道内，如只有在被追越船必须采取行动以允许安全通过才能追越时，则企图追越的船舶和被追越的船舶，均应按相关的规定鸣放声号。不论由于何种原因，追越船都不能免除其让路的义务。

④ 船舶在驶近可能被居间障碍物遮蔽他船的狭水道或航道的弯头或地段时，应特别机警和谨慎地驾驶，并应鸣放长声示警信号。

⑤ 任何船舶，如当时环境许可，都应避免在狭水道内锚泊。

（六）分道通航制

1. 分道通航制概念

在船舶来往比较频繁的水域，用分隔线或分隔带等方法划定专门的区域，规定在这些区域中，船舶只能单向行驶，以避免船舶对遇和减少碰撞事故的制度（图2-5）。

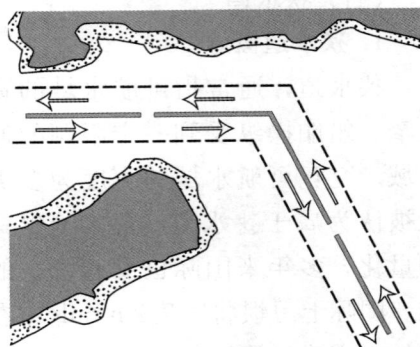

2. 分道通航制航行的原则

① 在相应的通航分道内顺着该分道的船舶总流向行驶。

② 尽可能让开通航分隔线或分隔带。

③ 通常在通航分道的端部驶进或

图 2-5　分道通航制

驶出，但从分道的任何一侧驶进或驶出时，应与分道的船舶总流向形成尽可能小的角度。

3. 分道通航制航行的注意事项

① 船舶应尽可能避免穿越通航分道，如不得不穿越时，应尽可能用与分道的船舶总流向成直角的航向穿越。

② 除穿越船或者驶进、驶出通航分道的船舶外，船舶通常不应进入分隔带或穿越分隔线，除非在紧急情况下避免紧迫危险或者在分隔带内从事捕鱼。

③ 船舶在分道通航制区域端部附近行驶时，应特别谨慎。

④ 船舶应尽可能避免在分道通航制区域内或其端部附近锚泊。

⑤ 不使用分道通航制区域的船舶，应尽可能远离该区。

⑥ 从事捕鱼的船舶，不应妨碍按通航分道行驶的任何船舶的通行。

⑦ 帆船或长度小于 20 m 的船舶，不应妨碍按通航分道行驶的机动船的安全通行。

⑧ 操纵能力受到限制的船舶，当在分道通航制区域内从事维护航行安全的作业时，在执行该作业所必需的限度内，可免受本条规定的约束。

⑨ 操纵能力受到限制的船舶，当在分道通航制区域内从事敷设、维修或起捞海底电缆时，在执行该作业所必需的限度内，可免受本条规定的约束。

三、互见中相遇的避让关系

互见，指只有当一船能自他船以视觉看到时，才应认为两船是在互见中。可见，互见是相遇的两船以视觉看到对方，不包括使用望远镜、雷达、甚高频电话、船舶自动识别系统（AIS）等方法发现来船的状况。

（一）对驶相遇

1. 概念

对驶相遇是指两艘机动船在相反或者接近相反的航向上相遇致有构成碰撞危险的局面（图2-6）。

2. 判断方法

当一船看见他船在正前方或接近正前方：夜间，能看见他船的前后桅灯成一直线或接近一直线，和（或）两盏舷灯；日间，看到他船的上述相应形态时，则应认为存在这样的局面。

3. 避让关系

各自应向右转向，互从他船的左舷驶过。

要点：当一船对是否存在这样的局面有任何

图 2-6　对驶相遇

怀疑时，该船应假定确实存在这种局面，并采取相应的行动。

（二）追越

1. 概念

追越是指一船从他船正横后大于 22.5° 的某一方向赶上和超过他船的全过程（图2-7）。

2. 判断方法

追越船相对于其所追越的船所处位置，在夜间只能看见被追越船的尾灯而看不见它的任一舷灯时，应认为是在追越中。

3. 避让关系

追越船避让被追越船，避让过程直至驶过让清为止。

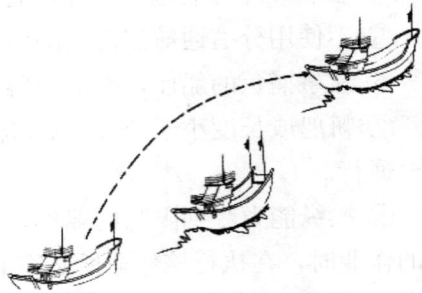

图 2-7 追 越

要点：当一船对其是否在追越他船有任何怀疑时，该船应假定是在追越，并应采取相应行动；追越船在追越过程中，随着两船间方位的任何改变，都不应把追越局面视为交叉相遇局面，而免除其避让被追越船，直到最后驶过让清为止的责任。

（三）交叉相遇局面

1. 概念

交叉相遇，指两艘机动船航向交叉，相遇导致构成碰撞危险的局面（图 2-8）。

图 2-8 交叉相遇

2. 避让关系

有他船在本船右舷的船舶应给他船让路，民间所述的"让红不让绿"（看见来船的红舷灯船舶为让路船，看见来船的绿舷灯的船舶为被让路船）。

要点：让路船避让时，只要当时环境许可，应避免横越他船的前方。

（四）船舶之间的避让责任

船舶在狭水道、分道通航水域相遇，优先执行狭水道和分道通航制相关规定，追越船无论在何种情况下，都应给被追越船让路。

1. 机动船在航时应给下述船舶让路（图 2-9）

① 失去控制的船舶。

② 操纵能力受到限制的船舶。

③ 从事捕鱼的船舶。

④ 帆船。

2. 帆船在航时应给下述船舶让路（图 2-10）

① 失去控制的船舶。

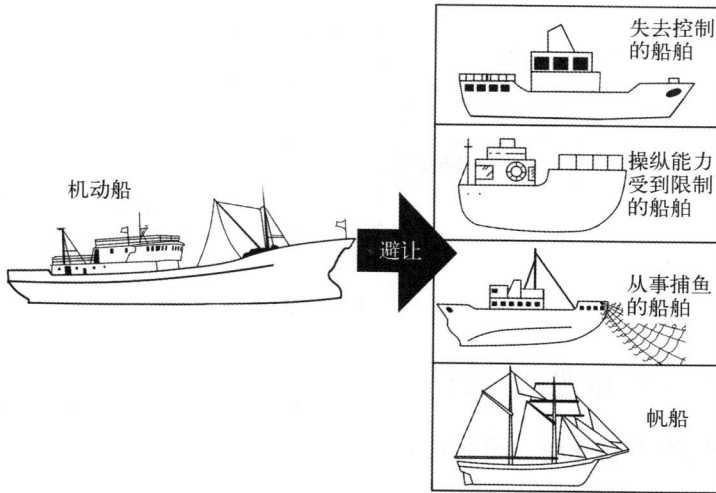

图 2-9　机动船避让

② 操纵能力受到限制的船舶。

③ 从事捕鱼的船舶。

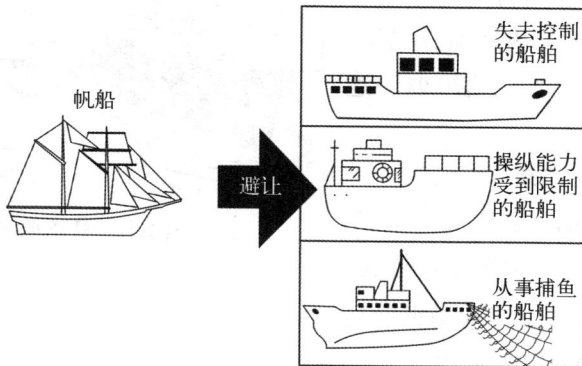

图 2-10　帆船避让

3. 从事捕鱼的船舶在航时，应尽可能给下述船舶让路（图 2-11）

① 失去控制的船舶。

② 操纵能力受到限制的船舶。

4. 通用避让规则

除失去控制的船舶或操纵能力受到限制的船舶外，任何船舶，如当时环境许可，应避免妨碍显示限于吃水信号的船舶的安全通行。

"在航"是指船舶不在锚泊、系岸或搁浅。

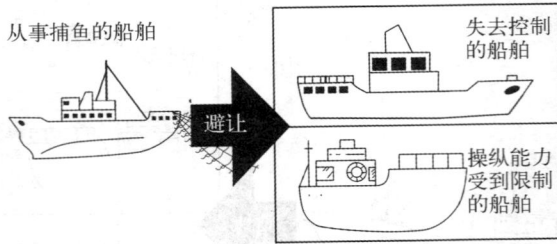

图 2-11　捕鱼船避让

四、互见中相遇的操纵

（一）让路船的行动（图 2-12）

1. 及早避让

让路船应尽可能早地采取避让行动。如图 2-12 所示。

2. 大幅度避让

让路船采取让路行动时只要环境许可，应采取大幅度的避让措施，避免对航向和（或）航速采取一连串小的变动。

3. 核查避让效果

让路船采取的避让行动，应确保两船能在安全的距离上通过。避让过程中，应及时鸣放操纵信号。

图 2-12　让路船操纵

（二）直航船的行动

1. 行动原则

（1）**保持航向和航速**　两船中的一船应给另一船让路时，另一船舶应保持航向和航速。

（2）**独自采取行动**　当保持航向和航速的船一经发觉规定的让路船显然没有遵照规则要求采取适当行动时，该船即可独自采取操纵行动，以避免碰撞。在交叉相遇局面下，机动船采取行动以避免与另一艘机动船碰撞时，如当时环境许可，不应对在本船左舷的船采取向左转向。

（3）**应当采取行动**　当保持航向和航速的船，发觉本船不论由于何种原因逼近到单凭让路船的行动不能避免碰撞时，也应采取最有助于避碰的行动。

2. 注意事项

① 让路船的让路义务并不因对直航船行动的规定而解除。

② 在交叉相遇或他船追越本船的情况下，片面认为本船是直航船只要保航向和航速无需采取行动避让他船的想法是错误的，往往会导致避让行动的迟缓而发生事故。

五、能见度不良时的操纵

（一）概念

能见度不良是指任何由于雾、霾、下雪、暴风雨、沙暴或任何其他类似原因而使能见度受到限制的情况。

能见度不良情况下，没有直航船与让路船之分。不同的驾驶人员在避让时机、船舶会遇距离、避让方式（转向或减速）和行动幅度上存在着较大的差异。通常，驾驶员往往对正横前来船，采取避让的时机较早；避让左舷、正横附近或正横以后来船，驾驶员采取保向保速比较多。

（二）操纵

在能见度不良的水域中或在其附近水域航行时相互看不见的船舶应当按照能见度不良情况下的要求进行操纵。

① 每一船舶应以适合当时能见度不良的环境和情况的安全航速行驶，机动船应将机器作好随时操纵的准备。

② 船舶仅凭雷达测到他船时，应判定是否正在形成紧迫局面和存在着碰撞危险。若是如此，应及早地采取避让行动，如转向行动，则应尽可能避免如下各点：一是除对被追越船外，对正横前的船舶采取向左转向；二是对正横或正横后的船舶采取朝着它转向。

③ 除已断定不存在碰撞危险外，每一船舶当听到他船的雾号显示在本船正横以前，或者与正横以前的他船不能避免紧迫局面时，应将航速减到能维持其航向的最小速度。必要时，应把船完全停住，无论如何，应极其谨慎地驾驶，直到碰撞危险过去为止。

④船舶在能见度不良的情况下航行，应做到以下四点。

a. 以适合当时能见度环境和情况的安全航速行驶，并备车备锚；

b. 增加瞭望人员，加强瞭望；

c. 开启号灯、鸣放雾号；

d. 保持驾驶室安静，注意守听来船雾号等信息。

读一读

避碰口诀

保持瞭望最重要，安全航速常记牢。

发现来船要戒备，方位不变危险到。

避碰操纵大幅度，他船易于觉察到。

水域环境许可时，大幅转向与减速。

采取避碰行动后，还应仔细验效果。

倘若避碰没把握，把船停住最重要。

狭水道靠右侧走，穿越不碍他船行。

沿着分隔航道跑，进出都应小角度。

穿越尽量成直角，两端特别要谨慎。

互见对遇各向右，交叉绿灯让红灯。

直航船应保向速，机动船让受限船。

追越驶过至让清，避免抢越他船头。

若有怀疑发警告，切勿盲目成危局。

让路船舶不让路，独自操纵莫迟疑。

视线不良发雾号，加强瞭望最重要。

船位心中要有数，随时变速准备好。

雷达测到他船时，判断险否第一条。

倘若存在危险时，避让行动应及早。

正横前面有来船，应该避免向左跑。

必要时把船停住，直到危险过去了。

第二节　号灯与号型

一、概念

（一）基本规定

1. 号灯

从日没到日出、能见度不良的白天显示，并可在一切其他认为必要的情况下显示。在此时间内不应显示别的灯光，但那些不会被误认为规则条款规定的号灯，或者不会削弱号灯的能见距离或显著特性，或者不会妨碍正规瞭望的灯光除外。

2. 号型

从日出到日没都应当悬挂，即在白天都应遵守。

号灯号型的规定在各种天气情况下都应当遵守。

（二）号灯的定义

1. 桅灯

指安置在船舶首尾中心线上方的白色灯，在225°的水平弧内显示不间断的灯光，其装置要使灯光从船的正前方到每一舷正横后22.5°内显示。

2. 舷灯

指右舷的绿灯和左舷的红灯，各在112.5°的水平弧内显示不间断的灯光，其装置要使灯光从船的正前方到各自一舷的正横后22.5°内分别显示。长度小于20 m的船舶，其舷灯可以合并成一盏，装设于船的首尾中心线上。

3. 尾灯

指安置在尽可能接近船尾的白色灯，在135°的水平弧内显示不间断的灯光，其装置要使灯光从船的正后方到每一舷67.5°内显示。

4. 拖带灯

具有与尾灯相同特性的黄色灯光。

5. 环照灯

指在360°的水平弧内显示不间断灯光的号灯。

6. 闪光灯

指每隔一定时间以每分钟频率120闪次或120以上闪次的闪光的号灯。

号灯水平光弧照射角度，如图2-13所示。

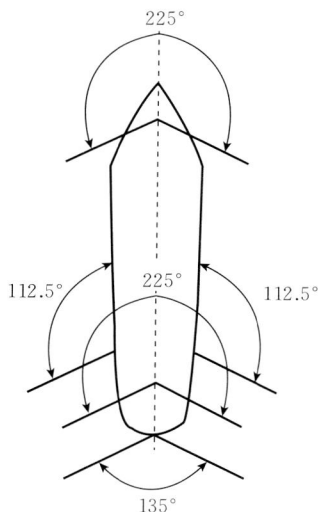

图2-13 号灯水平光弧角度

（三）号灯的能见距离

号灯的能见距离，见表2-1。

表 2-1　号灯的能见距离

单位：n mile

号灯 \ 船舶长度	L≥50 m	50 m>L≥12 m	L<12 m	不易察觉的、部分淹没的被拖船舶或物体
桅灯	6	5	2	
舷灯	3	2	1	
尾灯	3	2	2	
拖带灯	3	2	2	
环照灯	3	2	2	3

船舶的长度和宽度是指船舶的总长度和最大宽度。

（四）号型的技术参数

① 号型应是黑色并具有以下尺度。

a. 球体的直径应不小于 0.6 m；

b. 圆锥体的底部直径应不小于 0.6 m，其高度应与直径相等；

c. 圆柱体的直径至少应为 0.6 m，其高度应两倍于直径；

d. 菱形体应由两个圆锥体以底相合组成。

② 号型间的垂直距离应至少为 1.5 m。

③ 长度小于 20 m 的船舶，可用与船舶尺度相称的较小尺度的号型，号型间距亦可相应减少。

二、各类船舶的号灯、号型

（一）在航机动船

（1）在航机动船应显示　（图 2-14）

① 在前部一盏桅灯。

② 第二盏桅灯后于并高于前桅灯；长度小于 50 m 的船舶，不要求显示该桅灯，但可以这样做。

③ 两盏舷灯。

④ 一盏尾灯。

（2）气垫船在非排水状态下航行时应显示

除按机动船显示规定的号灯外，还应显示一盏环照黄色闪光灯（图 2-15）。

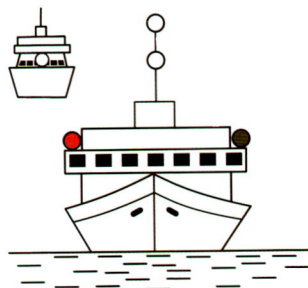

图 2-14　在航机动船

（3）地效船　除按机动船显示规定的号灯外，只有在贴近水面起飞、降落和飞行时才应显示高密度的环照红色闪光灯。

（4）长度小于12 m的机动船　显示一盏环照白灯和舷灯（图2-16）。

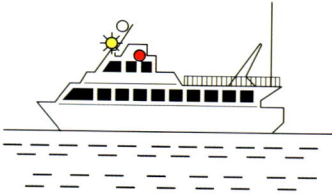

图2-15　气垫船

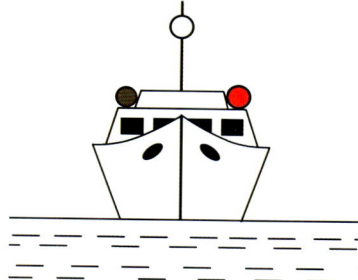

图2-16　L＜12m 机动船

（5）长度小于7 m且其最高速度不超过7 kn的机动船　显示一盏环照白灯，有条件的还应显示舷灯（图2-17）。

（6）长度小于12 m的机动船　若桅灯或环照白灯，无法装设在船的艏艉中心线上，可以离开中心线显示，如果其舷灯合并成一盏，则应装在艏艉中心线上，或尽量装设在桅灯或环照灯所在艏艉线的附近（图2-18）。

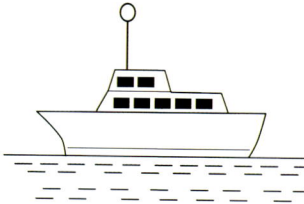

图2-17　L＜7m 且 V≤7Kn 机动船

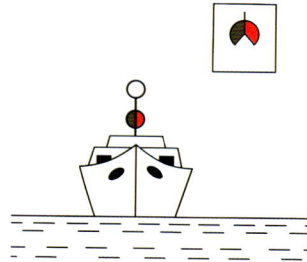

图2-18　L＜12m 机动船

（二）拖带和顶推

① 机动船拖带应显示（图2-19）：

a. 垂直两盏桅灯，当从拖轮船尾量到被拖物体后端的拖带长度超过200 m时，垂直显示三盏桅灯，白天在最易见处显示一个菱形体号型；

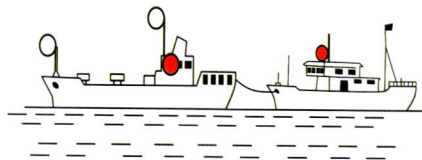

图2-19　机动船拖带

b. 两盏舷灯；

c. 一盏尾灯；

d. 一盏拖带灯垂直于尾灯的上方。

② 一艘顶推船和一艘被顶推船牢固地连接成为一组合体时，按一艘机动船显示号灯。

③ 机动船当顶推或旁拖时（图2-20），除组合体外，应显示：

a. 垂直两盏桅灯；

b. 两盏舷灯；

c. 一盏尾灯。

④ 除不易觉察的、部分淹没的被拖船舶或物体或者这类船舶或物体的组合体外，被拖船或被拖物体应显示：

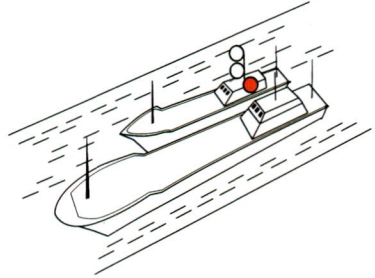

图2-20　顶推或旁拖

a. 两盏舷灯；

b. 一盏尾灯；

c. 拖带长度超过200 m时，在最易见处显示一个菱形体号型。

⑤ 任何数目的船舶如作为一组被旁拖或顶推船时，也应作为一艘船来显示号灯。

a. 一艘被顶推的船，但不是组合体的组成部分，应在前端显示两盏舷灯；

b. 一艘被旁拖的船应显示一盏尾灯，并在前端显示两盏舷灯。

⑥ 一艘不易觉察的、部分淹没的被拖船舶或物体或者这类船舶或物体的组合体应显示：

a. 除弹性拖曳体不需要在前端或接近前端处显示灯光外，如宽度小于25 m，在前后两端或接近前后两端处各显示一盏环照白灯；

b. 如宽度为25 m或25 m以上时，在两侧最宽处或接近最宽处，另加两盏环照白灯；

c. 如长度超过100 m，根据相应宽度在前后两端或两侧最宽处显示的号灯，其距离不超过100 m；

d. 在最后一艘被拖船舶或物体的末端或接近末端处，显示一个菱形体号型，如果拖带长度超过200 m时，在尽可能前部的最易见处另加一个菱形体号型。

⑦ 凡由于任何充分理由，一艘被拖船舶或物体不可能按规定要求显示号灯或号型时，应采取一切可能的措施使被拖船舶或物体上有灯光，或者至少能表明这种船舶或物体的存在。

⑧ 一艘通常不从事拖带作业的船舶在从事拖带另一遇险或需要救助的船舶，若其不可能按规定显示拖带船舶的号灯时，就不要求显示这些号灯。但应采用招引注意的信号及其他一切可能的措施来表明拖船与被拖船之间关系的性质，尤其应将拖缆照亮（图2-21）。

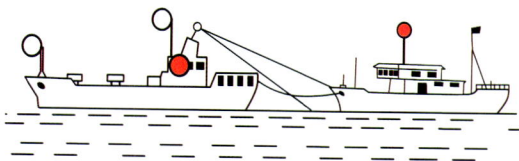

图 2-21　非拖船拖带

（三）在航帆船和划桨船

帆船指任何驶帆的船舶，包括装有推进机器而不在使用者。

① 在航帆船应显示：

a. 两盏舷灯；

b. 一盏尾灯。

② 在长度小于20 m 的帆船上，其按要求显示的两盏舷灯和一盏尾灯可以合并成一盏，装设在桅顶或接近桅顶的最易见处。

③ 在航帆船还可在桅顶或接近桅顶的最易见处，垂直显示两盏环照灯，上红下绿。但这些环照灯不应和按规定显示的合色灯同时显示。

④ 长度小于7 m 的帆船，如不能显示规定的号灯，应在手边备妥白光的电筒一个或点着的白灯一盏，及早显示，以防碰撞。

划桨船可以显示本条为帆船规定的号灯，如不这样做，则应在手边备妥一个白光电筒或一盏点着的白灯，及早显示，以防碰撞。

⑤ 用帆行驶同时也用机器推进的船舶，应在前部最易见处显示一个圆锥体号型，尖端向下。

（四）渔船

从事捕鱼的船舶简称渔船，是指使用网具、绳钓、拖网或其他使其操纵性能受到限制的渔具捕鱼的任何船舶，但不包括使用曳绳钓或其他并不使操纵性能受到限制的渔具捕鱼的船舶。

1. 显示原则

① 从事捕鱼的船舶，不论在航还是锚泊，只应显示本条规定的号灯和

号型。

② 船舶不从事捕鱼时，不应显示本条规定的号灯或号型，而只应显示为其同样长度的船舶所规定的号灯或号型。

2. 拖网渔船

船舶从事拖网作业，即在水中拖曳爬网或其他用作渔具的装置时，应显示（图2-22）：

① 垂直两盏环照灯，上绿下白，或一个由上下垂直、尖端对接的两个圆锥体所组成的号型。

② 一盏桅灯，后于并高于那盏环照绿灯；长度小于50 m的船舶，则不要求显示该桅灯，但可以这样做。

③ 当对水移动时，除本款规定的号灯外，还应显示两盏舷灯和一盏尾灯。

3. 非拖网渔船（图2-23）

① 垂直两盏环照灯，上红下白，或一个由上下垂直、尖端对接的两个圆锥体所组成的号型。

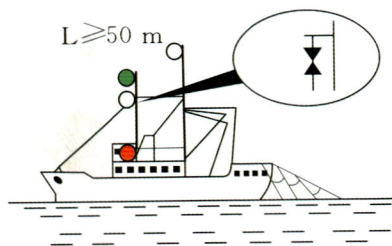

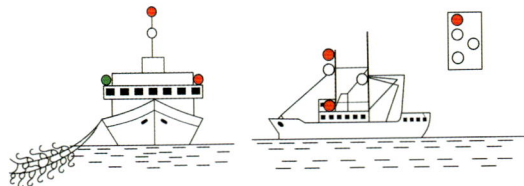

图 2-22　拖网渔船　　　　图 2-23　非拖网渔船

② 当有外伸渔具，其从船边伸出的水平距离大于150 m时，应朝着渔具的方向显示一盏环照白灯或一个尖端向上的圆锥体号型。

③ 当对水移动时，除本款规定的号灯外，还应显示两盏舷灯和一盏尾灯。

4. 相邻水域渔船的额外信号

（1）拖网渔船

① 船长大于或等于20 m的船舶，当从事拖网作业时应显示（图2-24）：

a. 放网时：垂直两盏环照白灯；

b. 起网时：垂直两盏环照灯，上白下红；

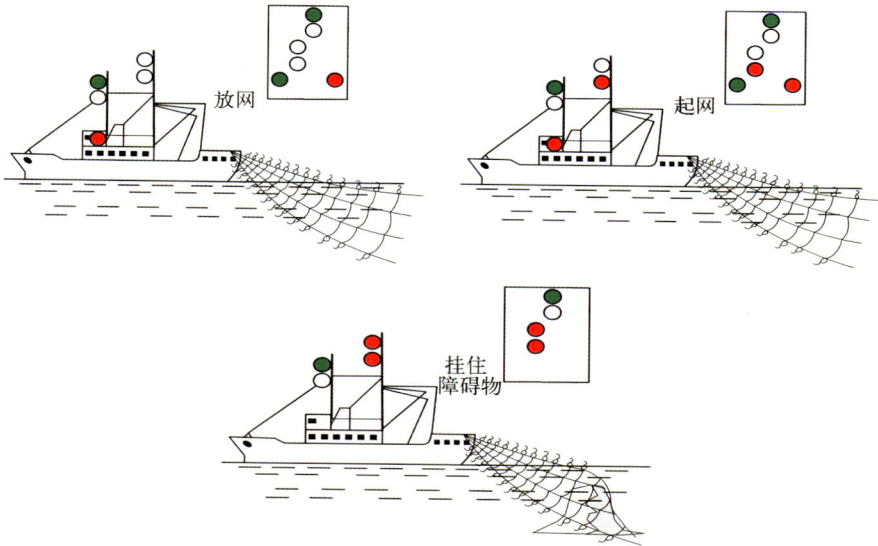

图 2-24 拖网渔船额外信号

c. 网挂住障碍物时，垂直两盏环照红灯。

② 船长大于或等于 20 m 的船舶，当从事拖网作业时应显示：

a. 在夜间，朝着前方并向本对拖网中另一船的方向照射探照灯（图 2-25）；

b. 当放网、起网或网挂住障碍物时，垂直显示两盏环照红灯。

③ 船长小于 20 m 的船舶当从事拖网捕鱼时，不论是用底拖还是中层渔具或从事对拖网作业，可视情况按照船长大于或等于 20 m 的船舶显示相应的规定号灯。

（2）**围网渔船** 从事围网捕鱼的船舶，可垂直显示两盏黄色号灯。这些号灯应每秒钟交替闪光一次，而且明暗历时相等。这些号灯仅在船的行动为其渔具所妨碍时才可显示（图 2-26）。

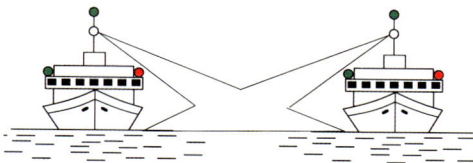

图 2-25 对拖网渔船

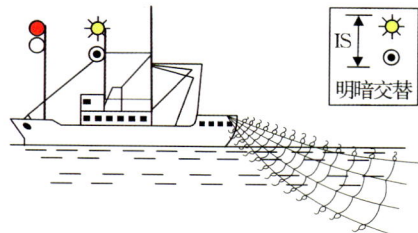

图 2-26 围网渔船

（五）失去控制的船舶

1. 概念

失去控制的船舶简称失控船，是指由于某种异常的情况，不能按规则各条的要求进行操纵，因而不能给他船让路的船舶。如船舶舵机或操舵系统发生故障、舵或螺旋桨丢失、锚泊船走锚、大风浪中的船舶无法改变航向等。

失去控制的船舶一旦锚泊或者被他船帮靠拖带，即不得显示失去控制船舶的号灯号型。

2. 号灯与号型

失去控制的船舶显示（图 2-27）：

① 在最易见处，垂直两盏环照红灯。

② 在最易见处，垂直两个球体或类似的号型。

③ 当对水移动时，还应显示两盏舷灯和一盏尾灯。

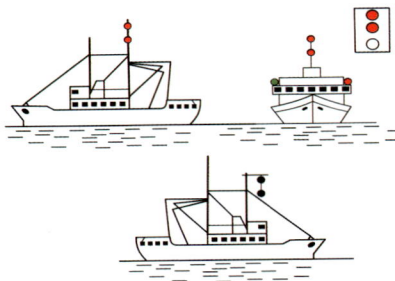

图 2-27　失去控制的船舶

（六）操纵能力受到限制的船舶

1. 概念

操纵能力受到限制的船舶简称操限船，是指由于工作性质，使其按照规则的要求进行操纵的能力受到限制，因而不能给他船让路的船舶。

操限船包括，但不限于下列的船舶：

① 从事敷设、维修或起捞助航标志、海底电缆或管道的船舶。

② 从事疏浚、测量或水下作业的船舶。

③ 在航中从事补给或转运人员、食品或货物的船舶。

④ 从事发放或回收航空器的船舶。

⑤ 从事清除水雷作业的船舶。

⑥ 从事拖带作业的船舶，而该项拖带作业使该拖船及其被拖船偏离所驶航向的能力严重受到限制者。

2. 号灯与号型

（1）操限船　除从事清除水雷作业的船舶外，应显示（图 2-28）：

① 在最易见处，垂直三盏环照灯，最上和最下者为红色，中间一盏为白色。

② 在最易见处，垂直三个号型，最上和最下者为球体，中间一个为菱形体。

③ 当对水移动时，除在最易见处垂直显示红、白、红三盏环照灯外，还应显示桅灯、舷灯和尾灯。

④ 当锚泊时，除在最易见处，垂直显示红、白、红三盏环照灯，或者在最易见处，垂直悬挂球体、菱形、球体三个号型外，还应按锚泊船显示号灯或号型。

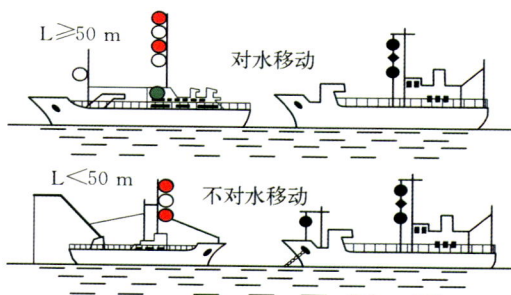

图 2-28　操纵能力受到限制的船舶

（2）从事一项使拖船和被拖体双方在偏离所驶航向的能力上受到严重限制的拖带作业机动船　除按机动船拖带显示规定的号灯或号型外，还应显示操限船的号灯或号型。

（3）从事疏浚或水下作业的船舶　当其操纵能力受到限制时，应按操限船显示号灯与号型。此外，当存在障碍物时，还应显示（图 2-29）：

① 在障碍物存在的一舷，垂直两盏环照红灯或两个球体。

② 在他船可以通过的一舷，垂直两盏环照绿灯或两个菱形体。

③ 当锚泊时，应显示上述规定的号灯或号型，取代船舶锚泊所应显示的号灯或号型。

（4）从事潜水作业的船舶　其尺度不可能按操纵能力受到限制的从事疏浚或水下作业的船舶显示号灯或号型的，应显示（图 2-30）：

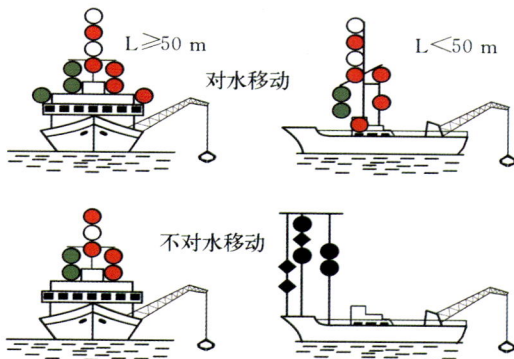

图 2-29　疏浚（水下作业）船舶　　　　图 2-30　潜水作业船舶

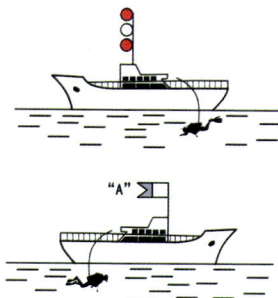

① 在最易见处，垂直三盏环照灯。最上和最下者为红色，中间一盏为白色。

② 一个国际信号旗"A"的硬质复制品，其高度不小于1 m，并应采取措施以保证周围都能见到。

（5）从事清除水雷作业的船舶　除显示在航机动船的号灯或锚泊船的号灯或号型外，还应显示三盏环照绿灯或三个球体。这些号灯或号型之一应在接近前桅桅顶处显示，其余应在前桅桁两端各显示一个。这些号灯或号型表示他船驶近至清除水雷船1 000 m以内是危险的（图2-31）。

（6）长度小于12 m的船舶　不要求显示操纵能力受到限制船舶的号灯与号型。

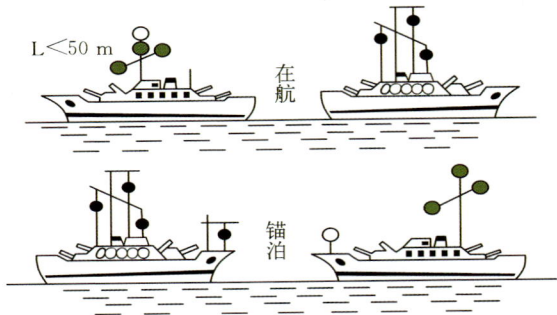

图2-31　清除水雷作业船舶

操纵能力受到限制船舶显示的号灯或号型，是来往船舶判断碰撞危险和采取避让行动的依据，不能视为船舶遇险求救信号。

（七）限于吃水的船舶

限于吃水的船舶指由于船舶吃水与可航行水域的水深和宽度的关系，致使其偏离所驶航向的能力严重受到限制的机动船。

限于吃水的船舶，除按同等长度机动船显示号灯外，还可以在最易见处垂直显示三盏环照红灯，或者一个圆柱体（图2-32）。

（八）锚泊船舶（图2-33）

（1）锚泊中的船舶　应在最易见处显示：

① 在船的前部，一盏环照白灯或一个球体。

② 在船尾或接近船尾并低于船舶前部显示的号灯处，显示一盏环照白灯。

（2）长度小于50 m的船舶　可以在最易见处显示一盏环照白灯。

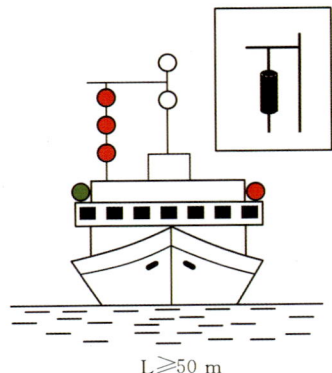

图2-32　限于吃水的船舶

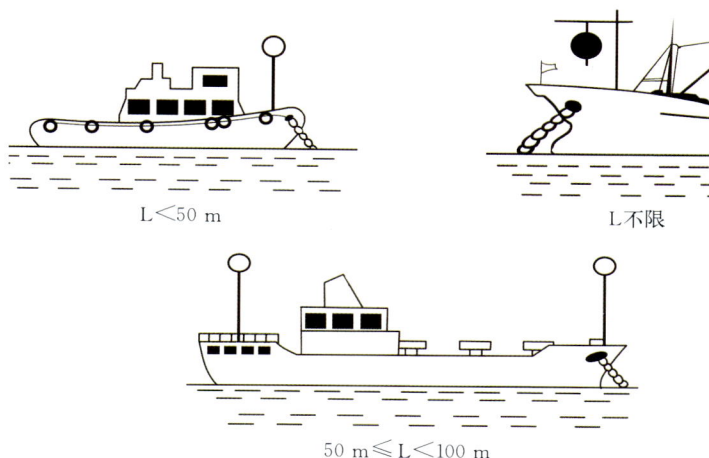

L＜50 m　　　　　　　　　　　L不限

50 m≤L＜100 m

图 2-33　锚泊船舶

（3）**锚泊中且长度大于等于 100 m 的船舶**　应当使用现有的工作灯或同等的灯照明甲板；长度小于 100 m 的船舶可以这样显示。

（4）**长度小于 7 m 的船舶**　不是在狭水道、航道、锚地或其他船舶通常航行的水域中或其附近锚泊时，可以免予显示锚泊信号。

（九）搁浅船舶

（1）**搁浅的船舶**　按同长度船舶显示锚泊信号外，应在最易见处显示垂直两盏环照红灯或者悬挂垂直三个黑色球体（图 2-34）。

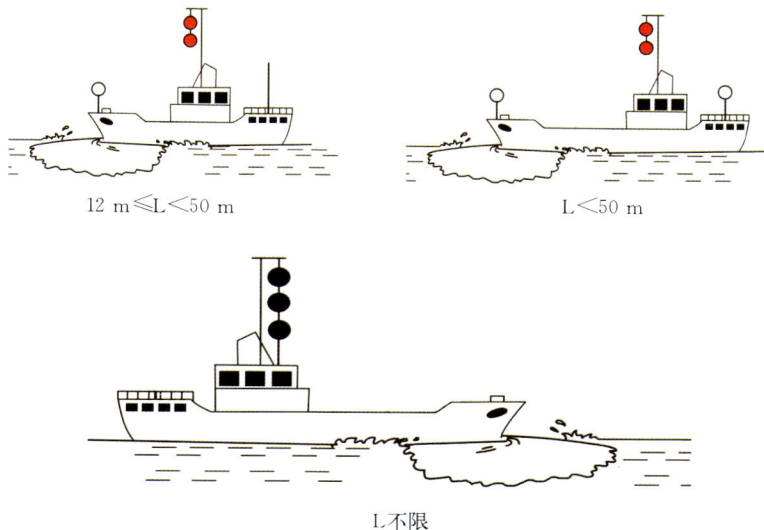

12 m≤L＜50 m　　　　　　　　　　L＜50 m

L不限

图 2-34　搁浅船舶

（2）长度小于 12 m 的船舶　搁浅时，可以免予显示搁浅船信号。

（十）引航船舶

（1）执行引航任务的船舶应显示　（图 2-35）。

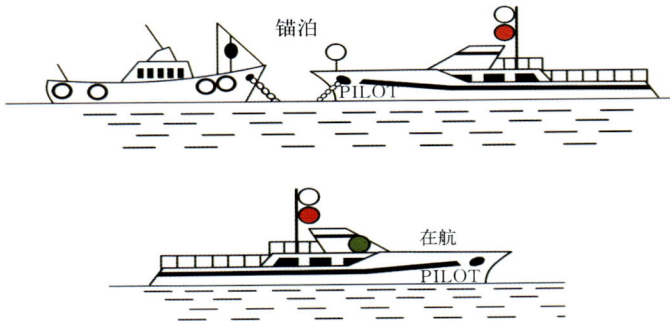

图 2-35　引航船舶

① 在桅顶或接近桅顶处，垂直两盏环照灯，上白下红。

② 当在航时，外加舷灯和尾灯。

③ 当锚泊时，除在桅顶或接近桅顶处垂直显示上白下红两盏环照灯外，还应显示锚泊船的号灯或号型。

（2）引航船不执行引航任务时　应显示为其同样长度的同类船舶规定的号灯或号型。

读一读

1. 号灯口诀

机动船在航，点桅灯、舷灯加尾灯，

船长超过 50 m，再加一盏后桅灯。

拖轮显示两桅灯，船尾另加一黄灯，

拖长超过 200 m，显示三盏白桅灯，

被拖船舶或物体，显示舷灯和尾灯。

以下都是环照灯，失控船，两盏红，

搁浅锚灯加双红，船舶操纵受限制，

垂直显示红白红，双红一侧障碍物，

双绿一舷可通行，看见垂直三盏红，

定是限于吃水船。上白下红引水船，

上红下绿是帆船。扫雷船，三盏绿。

桅顶两端各一绿。渔船拖网显绿白，

其他作业点红白。渔具超出 100 m，

这个方向点白灯。气垫船体离水面，

加示黄色闪光灯。锚泊船，白锚灯，

小船船头挂一盏，大船两盏分首尾，

船长超过 100 m，外加甲板灯照明。

2. 号型口诀

锚泊艏挂一黑球，失控垂直两黑球。

搁浅垂直三黑球。扫雷三球成三角，

桅顶衍端各一球。拖带超过 200 m，

拖和被拖挂黑菱。船舶操纵受限制，

上球下球中间菱，双球一侧障碍物，

双菱一舷可通行。机帆船，锥朝下，

限于吃水圆柱体，渔船不论大和小，

两个圆锥尖对尖，渔具超出 150 m，

朝着渔具伸出向，加挂朝天一锥体。

第三节　声响与灯光信号

一、基本规定

(一)声响设备

1. 号笛

指能够发出规定笛声的任何声响信号器具，如汽笛、电喇叭等。

2. 号钟

一般安装在船舶的船头上（小型船舶也有安装在驾驶室舷外），是船舶在水上遇到能见度不良的天气，使附近的船舶根据其所发出的声响来辨别远近和方位，以避免碰撞。它是国际海上避碰规则所要求的在能见度情况下在航或锚泊所使用的识别信号，以警告附近正在航行的船舶注意。

3. 号锣

大型船舶（船舶长度大于等于 100 m）在能见度不良情况下所使用的与"号钟"性质相同，但音响有明显区别的器具。

（二）配备要求

1. L≥12 m 的船舶

应配备一个号笛。

2. L≥20 m 的船舶

除了号笛以外，还应配备一个号钟。

3. L≥100 m 的船舶

除了号笛和号钟以外还应配备一个号锣。号锣的音调和声音不可与号钟相混淆。

4. 长度小于 12 m 的船舶

不要求配备声响信号器具，但应当配置能够鸣放有效声号的其他设备。

号笛、号钟和号锣应符合相应的技术规范。号钟、号锣或二者均可用与其各自声音特性相同的其他设备代替，但任何时候都要能以手动鸣放规定的声号。

二、操纵信号

（一）船舶互见

在航机动船按规则准许或要求进行操纵时，应用号笛发出下列声号表明动态：

一短声：表示"我船正在向右转向"。

二短声：表示"我船正在向左转向"。

三短声：表示"我船正在向后推进"。

"短声"，指历时约 1 s 的笛声；"长声"，指历时 4～6 s 的笛声。一组声号内各笛声的间隔时间约为 1 s，组与组声号的间隔时间应不少于 10 s。

（二）号灯补充

在操作过程中，任何船舶均可用灯号来补充规定的笛号，这种灯号可根据情况予以重复：

① 灯号应具有以下意义：

一闪：表示"我船正在向右转向"。

二闪：表示"我船正在向左转向"。

三闪：表示"我船正在向后推进"。

② 每闪历时应约 1 s，各闪间隔应约 1 s，前后信号的间隔应不少于 10 s。

③ 如设有用作本信号的号灯，则应是一盏环照白灯，其能见距离至少为 5 n mile，并应符合规则的相关规定。

（三）狭水道或航道内互见

（1）一艘企图追越他船的船舶　应当遵照在狭水道或航道内对追越的相关规定，以号笛发出下列声号表示其意图：

二长声继以一短声：表示"我船企图从你船的右舷追越"。

二长声继以二短声：表示"我船企图从你船的左舷追越"。

（2）将要被追越的船舶　应当按照在狭水道或航道内追越的相关规定，以号笛依次发出下列声号表示同意：

一长、一短、一长、一短声。

三、示警信号

① 当互见中的船舶正在互相驶近，并且不论由于何种原因，任何一船无法了解他船的意图或行动，或者怀疑他船是否正在采取足够的行动以避免碰撞时，存在怀疑的船应立即用号笛鸣放至少五声短而急的声号以表示这种怀疑。该声号可以用至少五次短而急的闪光来补充。

② 船舶在驶近可能被居间障碍物遮蔽他船的水道或航道的弯头或地段时，鸣放一长声。该声号应由弯头另一面或居间障碍物后方可能听到它的任何来船回答一长声。

③ 如船上所装几个号笛，其间距大于 100 m，则只应使用一个号笛鸣放操纵和警告声号。

四、招引注意信号

如有必要招引他船注意，任何船舶可以发出灯光或声响信号，但这种信号应不致被误认为规则规定的其他任何信号，或者可用不致妨碍任何船舶的方式把探照灯的光束朝着危险的方向。任何招引他船注意的灯光，应不致被误认为是任何助航标志的灯光。为此目的，应避免使用诸如频闪灯这样高亮度的间歇灯或旋转灯。

五、能见度不良时使用的声号

在能见度不良的水域中或其附近时，不论日间还是夜间，规定的声号应用如下：

（1）机动船对水移动时 应以每次不超过 2 min 的间隔鸣放一长声。

（2）机动船在航但已停车，并且不对水移动时 应以每次不超过 2 min 的间隔连续鸣放二长声，二长声间的间隔约 2 s。

（3）失去控制的船舶、操纵能力受到限制的船舶、限于吃水的船舶、帆船、从事捕鱼的船舶，以及从事拖带或顶推他船的船舶 应以每次不超过 2 min 的间隔连续鸣放三声，即一长声继以二短声的声号。

（4）从事捕鱼的船舶锚泊，以及操纵能力受到限制的船舶在锚泊中执行任务时 应当以每次不超过 2 min 的间隔连续鸣放三声，即一长声继以二短声的声号。

（5）一艘被拖船或者多艘被拖船的最后一艘船 如配有船员，应以每次不超过 2 min 的间隔连续鸣放四声，即一长声继以三短声。当可行时，这种声号应在拖轮鸣放声号之后立即鸣放。

（6）当一顶推船和一被顶推船牢固地连接成为一个组合体时 应作为一艘机动船，鸣放规定的声号。

（7）锚泊中的船舶 应以每次不超过 1 min 的间隔急敲号钟约 5 s。长度为 100 m 或 100 m 以上的船舶，应在船的前部敲打号钟，并应在紧接钟声之后，在船的后部急敲号锣约 5 s。此外，锚泊中的船舶，还可以连续鸣放三声，即一短、一长和一短声，以警告驶近的船舶注意本船位置和碰撞的可能性。

（8）搁浅的船舶 应当按照锚泊中的船舶鸣放规定的钟号声号，如有要求，应加发锣号。此外，还应在紧接急敲号钟之前和之后，各分隔而清楚地敲打号钟三下。搁浅的船舶还可以鸣放合适的笛号。

（9）长度为 12 m 或 12 m 以上但小于 20 m 的船舶 不要求按规则鸣放规定的声号。但应鸣放他种有效声号，每次间隔不超过 2 min。

（10）长度小于 12 m 的船舶 不要求鸣放上述声号，但如不鸣放上述声号，则应以每次不超过 2 min 的间隔鸣放他种有效声号。

（11）引航船当执行引航任务时 除按在航或锚泊船鸣放规定的声号外，还可以鸣放由四短声组成的识别声号。

六、遇险信号

(一)船舶遇险信号

船舶遇险并需要救助时，应一起或分别显示下列信号：

① 以每隔约 1 min 鸣炮或燃放其他爆炸信号一次（图 2-36）。

② 以任何雾号器具连续发声。

③ 以短的间隔，每次放一个抛射红星的火箭或信号弹（图 2-37）。

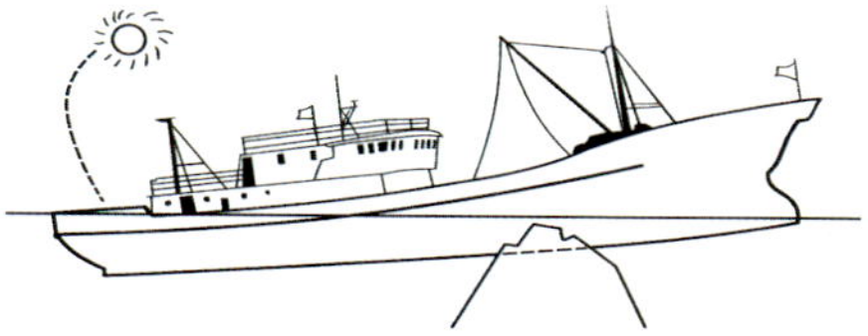

图 2-36 爆炸遇险信号

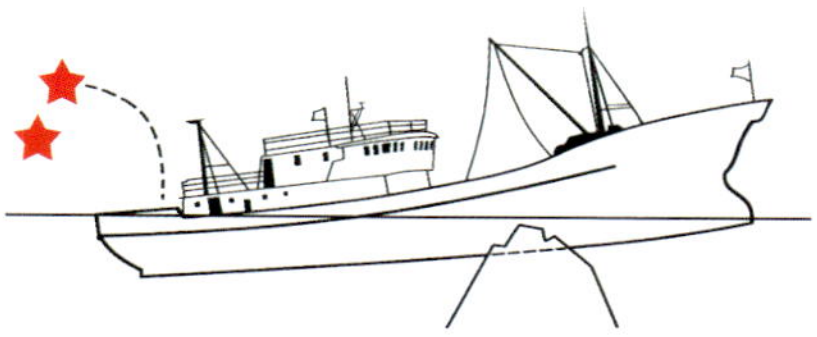

图 2-37 红星信号弹遇险信号

④ 无线电或任何其他通信方法发出莫尔斯码组··· ─── ···（SOS）的信号（图 2-38）。

⑤ 无线电话发出"梅代"（MAYDAY）语言的信号（图 2-39）。

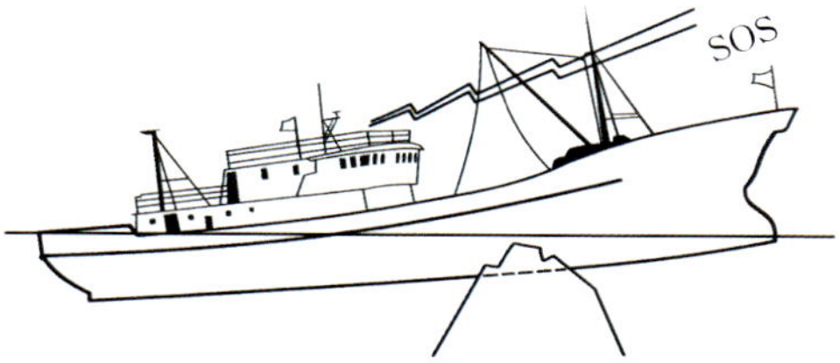

图 2-38 莫尔斯码组遇险信号

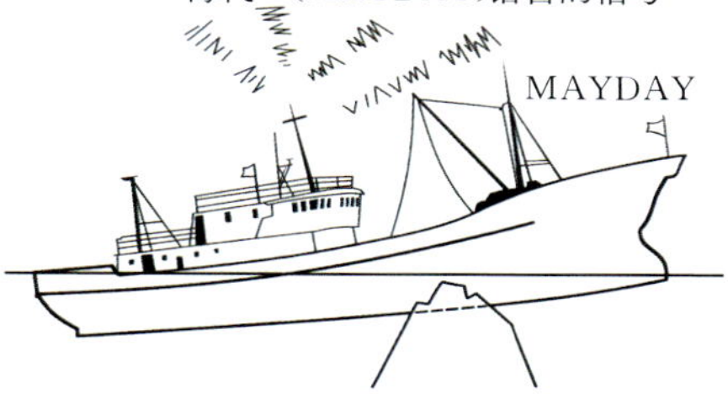

图 2-39 "梅代"遇险信号

⑥《国际简语信号规则》中表示遇险的信号 N.C.（图 2-40）。

⑦ 由一面方旗放在一个球体或任何类似球形物体的上方或下方所组成的信号（图 2-40）。

⑧ 船上的火焰（如从燃着的柏油桶、油桶等发出的火焰）（图 2-41）。

⑨ 火箭降落伞式或手持式的红色突耀火光（图 2-42）。

⑩ 放出橙色烟雾的烟雾信号（图 2-43）。

⑪两臂侧伸，缓慢而重复地上下摆动（图 2-43）。

国际简语信号

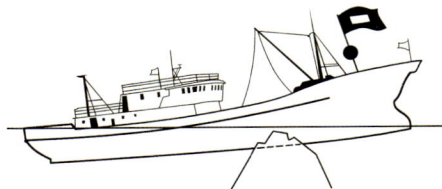

图 2-40　N. C. 及方旗遇险信号

火焰

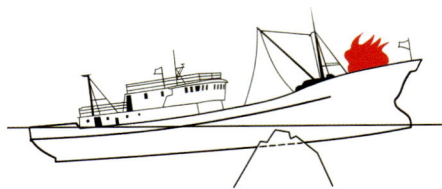

图 2-41　火焰遇险信号

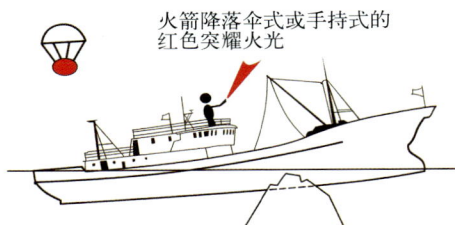

火箭降落伞式或手持式的
红色突耀火光

图 2-42　手持式遇险信号

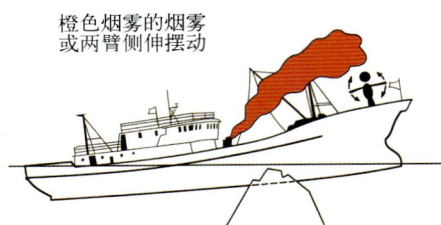

橙色烟雾的烟雾
或两臂侧伸摆动

图 2-43　橙色烟雾或两臂侧伸遇险信号

⑫无线电报报警信号。

⑬无线电话报警信号。

⑭由无线电应急示位标发出的信号。

⑮由无线电通信系统包括救生艇雷达应答器发送的经认可的信号。

（二）船舶遇险不需要救助的，禁止使用或显示上述任何信号以及可能与上述任何信号相混淆的其他信号。

（三）应注意《国际信号规则》的有关部分，《商船搜寻和救生手册》以及下述的信号：

①一张橙色帆布上带有一个黑色正方形和圆圈或者其他合适的符号（供空中识别）。

②海水染色标志。

第四节　渔船避让暂行条例

一、条例适用对象

渔船避让暂行条例，适用于我国正在从事海上捕捞的船舶，其避让行动包括避让船舶及其渔具。

二、渔船避让的原则

（1）拖网渔船 应当避让从事定置渔具捕捞的渔船、漂流渔船和围网渔船。

（2）围网渔船和漂流渔船 应当避让从事定置渔具捕捞的渔船。

（3）各类在放网过程中的渔船 后放网的船应避让先放网的船，并不得妨碍其正常作业。

（4）正常作业的渔船 应避让作业中发生故障的渔船。

三、渔船避让的操纵

① 任何船舶严禁触及起网中围网渔船的网具或从起网船与带围船之间通过。

② 让路船舶应距光诱渔船 500 m 以外通过，并不得在该距离之内锚泊或其他有碍于该船光诱效果的行动。

③ 围网渔船在放网时，应不妨碍漂流渔船或拖网渔船的正常作业。

④ 漂流渔船在放出渔具时，应尽可能离开当时拖网渔船集中作业的渔场。

⑤ 从事定置渔具作业的渔船在放置渔具时，应不妨碍其他从事捕捞船舶的正常作业。

四、拖网渔船之间的避让与操纵

① 追越渔船应给被追越渔船让路，并不得抢占被追越渔船网档的正前方而妨碍其作业。

② 机动拖网渔船应给非机动拖网渔船让路。

③ 多对渔船在相对拖网作业相遇时，如一方或双方两侧都有同向平行拖网中的渔船，转向避让确有困难，双方应及时缩小网档或采取其他有效措施，谨慎地从对方网档的外侧通过，直到双方的网具让清为止。

④ 拖网渔船交叉相遇应遵守：

a. 给本船右舷的另一方渔船让路；

b. 当让路船不能按规定让路时，应预先用声号或无线电设备联系，以取得协调一致的避让行动；

c. 如被让路船是对拖网船，被让路船应适当考虑到让路船的困难，尽量做到协同避让，必要时尽可能缩小网档，加速通过让路船网档的前方海区。

⑤ 采取大角度转向的拖网中渔船，不得妨碍附近渔船的正常作业。

⑥ 不得在拖网渔船的网档正前方放网、抛锚或有其他妨碍该渔船正常作业的行动。

⑦ 多艘单拖网渔船在同向并列拖网中，两船间应保持一定的安全距离。

⑧ 放网中渔船，应给拖网中或起网中的渔船让路。

⑨ 拖网中渔船，应给起网中渔船让路。同时起网船，应给正在从事卡包（分吊）起鱼的渔船让路。

⑩ 准备起网的渔船，应在起网前 10 min 显示起网信号，夜间应同时开亮甲板工作灯，以引起周围船舶的注意。

五、围网渔船之间的避让与操纵

① 船组在灯诱鱼群时，后下灯的船组与先下灯的船组间的距离应不少于 1 000 m。

② 围网渔船不得抢围他船用鱼群指示标（灯）所指示的、并准备围捕的鱼群。

③ 在追捕同一起水鱼群时，只要有一船已开始放网，他船不得有妨碍该放网船正常作业的行动。

④ 围网渔船在起网过程中：

a. 底纲已绞起的船应尽可能避让底纲未绞起的船；

b. 同是底纲已绞起的船，有带围的船应避让无带围的船；

c. 起（捞）鱼的船应避让正在绞（吊）网的船。

⑤ 船组在灯诱时，"拖灯诱鱼"时应避让"漂灯诱鱼"和"锚泊灯诱"的船。

六、漂流渔船之间的避让与操纵

① 漂流渔船在放出渔具时应与同类船保持一定的安全距离，并尽可能做到同向作业。

② 当双方的渔具有可能发生纠缠时，各应主动起网，或采取其他有效措施，互相避开。

七、能见度不良时的行动规则

① 各类渔船在放网前应充分掌握周围船舶的动态，并结合气象与海况

谨慎操作。

② 及时启用雷达和 AIS，判断有无存在使本方或他方的船舶和渔具遭受损坏的危险，并采取合理的避让措施。

③ 拖网渔船在拖网中，应适当地缩小网档。

④ 拖网渔船在拖网中发现与他船网档互相穿插时，应立即停车，同时发出声号一短一长二短声（·—··），通知对方立即停车，并采取有效措施，直到双方互不影响拖网作业时为止。

八、号灯、号型和灯光信号

① 船组在起网过程中，当带围船拖带起网船时，应显示从事围网作业渔船的号灯、号型，当有他船临近时，可向拖缆方向照射探照灯。

② 围网渔船在拖带灯船或舢板进行探测、搜索或追捕鱼群的过程中，应显示拖带船的号灯、号型；当开始放网时，应显示捕鱼作业中所规定的号灯和号型。

③ 灯诱中的围网渔船应按规定显示非拖网渔船号灯。但下列船舶应显示在航船的号灯：

a. 未拖带灯船的围网船在航测鱼群时；

b. 对拖渔船中等待他船起网的另一艘船；

c. 其他脱离渔具的漂流中的船舶。

④ 停靠在围网渔船网圈旁或在围网渔船旁直接从网中起（捞）鱼的运输船舶，应显示围网渔船的号灯、号型。

⑤ 运输船靠在拖网中的渔船时，应按操纵能力受到限制的船舶显示号灯、号型。

⑥ 围网渔船在夜间放网，应在网圈上显示五只以上间距相等的白色闪光灯，如确实不能显示的，应采取一切可能措施，使网圈上有灯光或至少能表明该网圈的存在。

⑦ 漂流渔船除按规定显示相应的号灯、号型外，还应在渔具上显示：

日间：每隔不大于 500 m 的间距，显示顶端有红色三角旗的标志一面；其远离船的一端，应垂直显示红色三角旗两面。

夜间：每隔不大于 1 000 m 的间距，显示白色灯一盏，在远离船的一端显示红色灯一盏。上述灯光的视距应不少于 0.5 n mile。

第三章　轮机常识

第一节　柴油机

一、柴油机基本结构

柴油机是一种压缩发火的往复式内燃机，通过柴油的燃烧释放能量，柴油机主要由固定部件、运动部件、配气系统、燃油系统以及润滑系统等组成（图 3-1）。

燃料直接在发动机的气缸中燃烧，将化学能转变为热能，从而生成高温高压的燃气，因燃气膨胀，推动活塞运动，通过曲柄连杆对外做功，将热能转变为机械能。

（一）固定部件

柴油机固定部件主要包括气缸盖、气缸套、机体、机座以及主轴承等构成柴油机本体和运动件的支承，并和有关运动部件配合构成柴油机的工作空间（图 3-2）。

（二）运动部件

柴油机运动部件主要由活塞、活塞销、连杆，连杆螺栓以及曲轴等组成。它们与固定部件配合完成空气压缩及热能到机械能的转换（图 3-3）。

（三）配气系统

柴油机配气系统包括进气系统和排气系统。柴油机是通过配气机构进行进、排气的控制（图 3-4）。

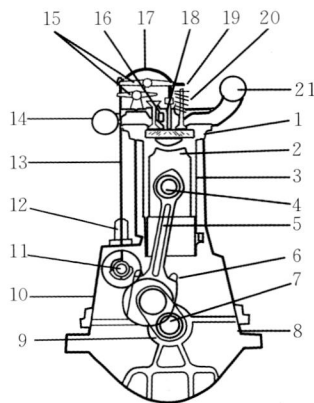

图 3-1　柴油机的基本组成

1. 气缸盖　2. 活塞　3. 气缸套　4. 活塞销
5. 连杆　6. 连杆螺栓　7. 曲轴　8. 机座
9. 主轴承　10. 机体　11. 凸轮轴　12. 喷油泵
13. 顶杆　14. 进气管　15. 摇臂　16. 进气阀
17. 高压油管　18. 喷油器　19. 排气阀
20. 气阀弹簧　21. 排气管

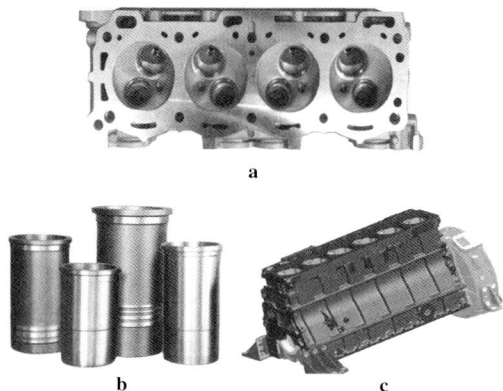

图 3-2 柴油机固定部件

a. 气缸盖 b. 气缸套 c. 机体机座

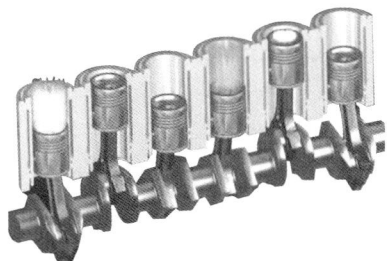

图 3-3 柴油机运动部件

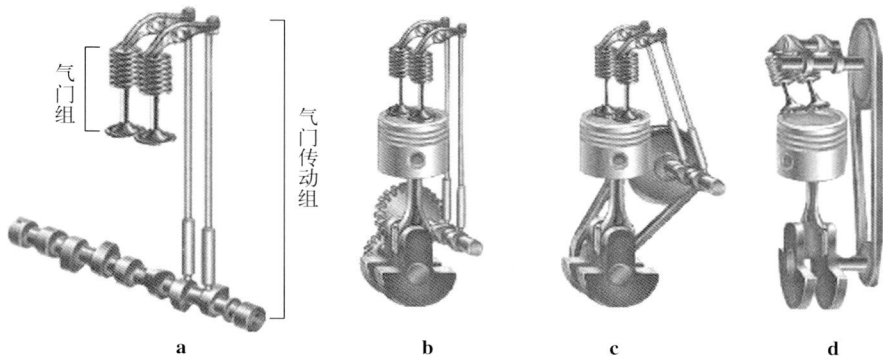

图 3-4 柴油机配气机构

a. 配气机构组成 b. 凸轮轴下置 c. 凸轮轴中置 d. 凸轮轴上置

1. 进气系统

主要由空气滤清器、进气管件、气缸盖内的进气道、进气阀、气阀弹簧、摇臂、顶杆、凸轮轴和凸轮轴传动机构等所组成，用来在规定的时间内向气缸内充入足够的新鲜空气。

2. 排气系统

主要由排气阀、气阀弹簧、摇臂、顶杆、凸轮轴和传动机构以及排气管、排气消音器等组成。用来在规定时间内将气缸内做功后的废气排出。

（四）燃油系统

柴油机燃油系统包括供应和喷射两个系统（图 3-5）。前者由日用油柜、燃油滤清器、输油泵等组成，后者由喷油泵、高压油管和喷油器组成。燃油系统的作用是供给柴油机燃烧做功所需的燃油。

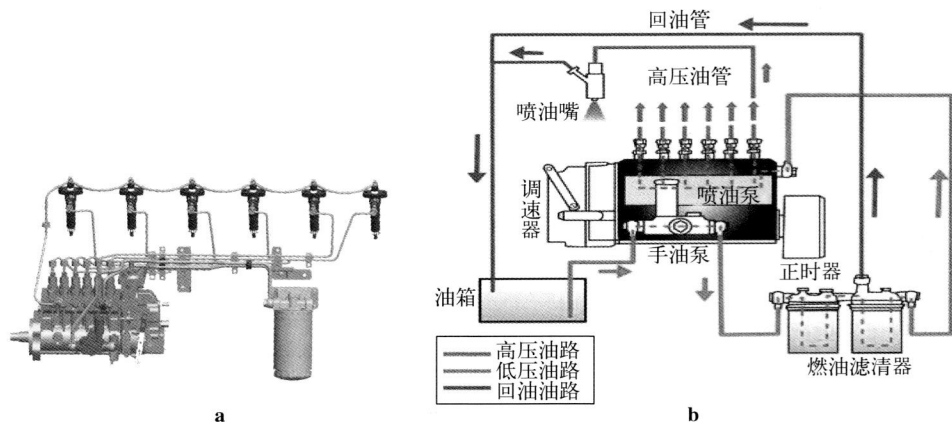

图 3-5　柴油机燃油系统

a. 实物柴油机燃油系统　　b. 工作原理

（五）润滑系统

润滑系统的主要作用是润滑摩擦表面，以减少机件的磨损，延长使用寿命，降低摩擦功率损失，提高机械效率。

常见的润滑方式有人工加油润滑、飞溅润滑和强制循环润滑。如图 3-6 所示为常见的柴油机强制循环润滑系统。

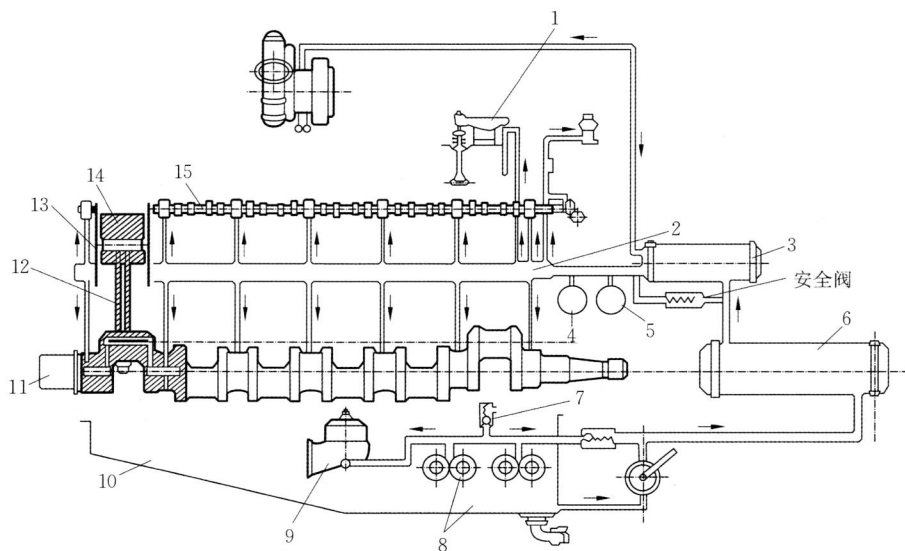

图 3-6　柴油机强制循环润滑系统

1. 气门摇臂　2. 粗滤器　3. 安全阀　4. 油压表　5. 油温表　6. 润滑油冷却器　7. 调压阀

8. 润滑油泵　9. 精滤器　10. 油底壳　11. 曲轴　12. 连杆　13. 气缸　14. 活塞　15. 凸轮轴

（六）冷却系统

冷却系统的主要作用是维持柴油机受热零部件在合适的温度状态下工作。

常见的冷却方式有自然蒸发式和强制循环式。如图 3-7 所示为某型号柴油机的强制循环冷却系统。

a

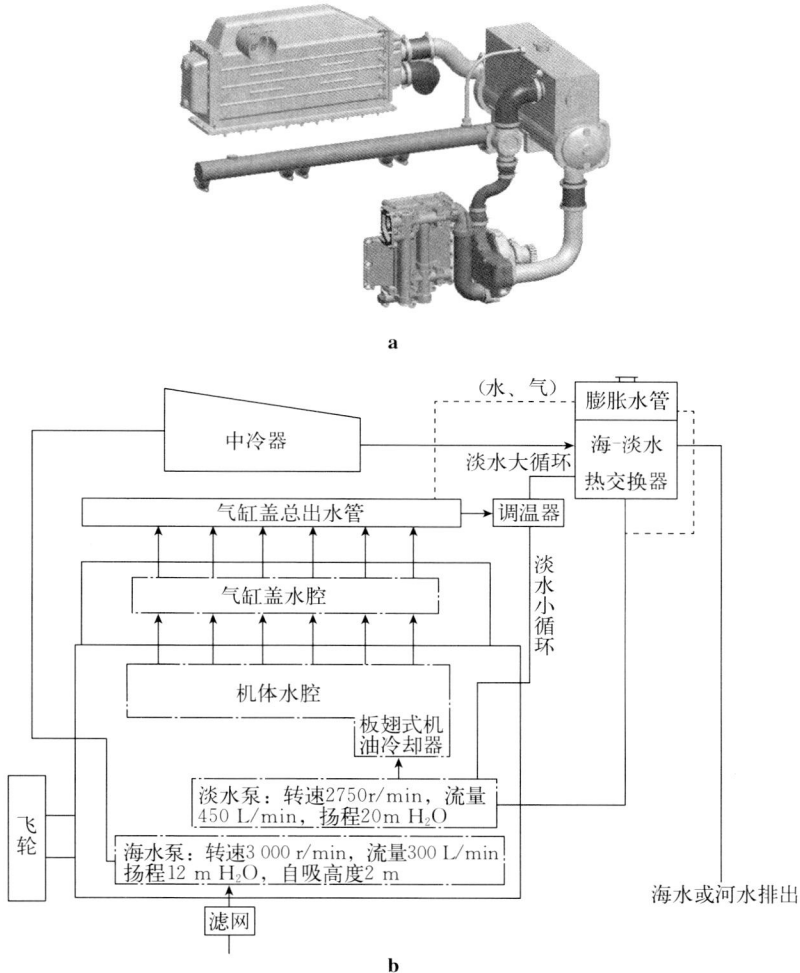

b

图 3-7　柴油机强制循环冷却系统

a. 实物柴油机强制循环冷却系统　b. 工作原理

（七）启动系统

柴油机本身无自行启动能力。启动系统的任务就是使柴油机从停车状态发动起来。

常见的启动方式有人力启动、电启动和压缩空气启动。电启动多用于中小型柴油机，气启动多用于中大型柴油机。如图 3-8 所示为某型号单缸柴油机人力启动和电启动两种方式。

电启动位置和按钮

（八）调速装置

调速装置的作用是使柴油机能按外界阻力矩的变化而自动改变喷油泵的喷油量，从而使柴油机在选定转速下稳定运转。此外船舶柴油

图 3-8　单缸柴油机人力和电启动

机还设有换向装置，并将启动、调速、换向和停车集中控制组成操纵系统。

除了以上柴油机组成外，多数柴油机还设有增压系统，用于进一步提高柴油机做功能力。

二、柴油机基本术语

柴油机的基本术语是用来描述柴油机几何参数的（图 3-9）。常见的基本术语有：

1. 气缸直径

指气缸套的内径。

2. 曲柄半径

曲轴的曲柄销中心与主轴颈中心间的距离。

3. 上止点

活塞在气缸中运动的最上端位置，也就是活塞离曲轴中心线最远的位置。

4. 下止点

活塞在气缸中运动的最下端位置，也就是活塞离曲轴中心线最近的位置。

5. 冲程

又称行程。活塞从上止点移动到下止点间的直线距离。它等于曲轴曲柄半径的两倍。活塞移动一个行程，相当于曲轴转动 180° 曲轴转角。

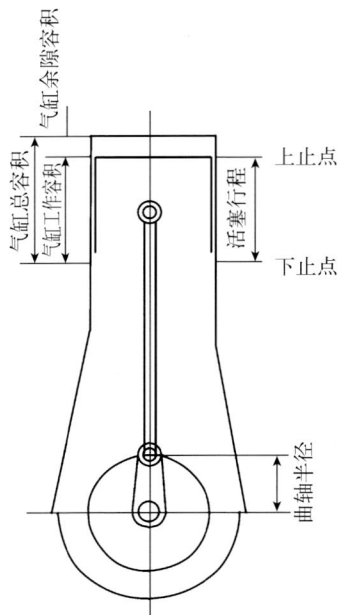

图 3-9　柴油机的基本术语

6. 气缸余隙容积

又称压缩室容积。活塞在气缸内上止点时，活塞顶上的全部空间（活塞顶、气缸盖底面与气缸套表面之间所包围的空间）容积。

7. 气缸工作容积

活塞在气缸中从上止点移动到下止点时所扫过的容积。

8. 气缸总容积

活塞在气缸内位于下止点时，活塞顶以上的气缸全部容积，亦称气缸最大容积。

9. 压缩比

气缸总容积与压缩室容积之比值，亦称几何压缩比。

压缩比是柴油机主要性能参数之一，表示缸内工质被压缩程度。压缩比愈大，被压缩终点的压力、温度愈高，柴油机易启动，热效率也高，压缩比过高使柴油机会出现工作粗暴、机械负荷过大、磨损加剧、消耗压缩功增大、机械效率降低、输出功率减小等情况。压缩比可通过改变压缩室容积来调节。柴油机压缩比为 12～22。中、高速机压缩比高于低速机。低速机：13～15，中速机：14～17，高速机：15～22，增压机：11～14。

当气缸直径与活塞冲程确定后，气缸工作容积也随着确定了，所以若要调整压缩比，可通过改变压缩室容积来实现。

三、四冲程柴油机工作原理

四冲程柴油机是指柴油机工作循环的进气、压缩、燃烧和膨胀及排气四个过程是通过四个冲程（即曲轴回转两周）来完成的。四冲程柴油机进排气过程较长，换气质量好，热效率高，是小型高速机的主要形式，其工作原理如图 3-10 所示。

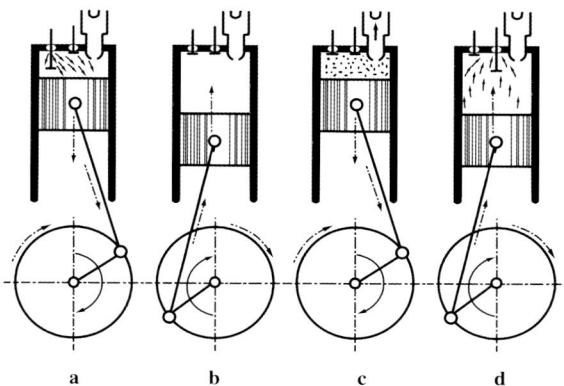

图 3-10　四冲程柴油机工作原理

a. 进气冲程　b. 压缩冲程　c. 做功冲程　d. 排气冲程

（一）进气冲程

这一冲程的任务是使

气缸内充满新鲜空气。活塞由上止点下行，进气阀打开，由于气缸容积不断增大，缸内压力下降，依靠气缸内外的气压差作用，新鲜空气通过进气阀被吸入气缸。

（二）压缩冲程

这一冲程的任务是压缩第一冲程吸入的新鲜空气，提高空气的温度和压力，为柴油燃烧及膨胀做功创造条件。活塞从下止点向上运动，自进气阀关闭开始压缩，一直到活塞到达上止点为止。活塞上行，气缸容积减小，缸内气体压力和温度随之升高，到达压缩终点时，压力可达 $3\sim6$ MPa，温度升至 $600\sim700$ ℃。

（三）燃烧和膨胀冲程（做功行程）

这一冲程的任务是完成两次能量转换。在活塞到达上止点前，燃油经喷油器以雾状喷入气缸的高温高压空气中，并与其混合，在上止点附近自燃（柴油的自燃温度为 270 ℃左右），由于燃油强烈燃烧，使气缸内气体温度和压力迅速上升。高温高压燃气膨胀推动活塞下行做功。在上止点后某一时刻燃烧基本结束，燃气继续膨胀，到排气阀开启时结束。

（四）排气冲程

这一冲程的任务是将做功后的废气排出气缸外，为下一循环新鲜空气的进入提供条件。这一阶段，要求废气排得越干净越好，与进气阀启闭一样，排气阀也是提前开启，延迟关闭。排气阀开启时，活塞还在下行，废气依靠气缸内外压力差进行自由排气。从排气阀开启到下止点的曲柄转角叫做排气提前角。当活塞从下止点上行时，废气被活塞推出气缸，此时排气过程是在略高于大气压力的情况下进行的。排气阀一直延迟到活塞到达上止点后才关闭，这样可利用气流的惯性作用，继续排出一些废气。

第二节　柴油机操作

一、柴油机启动

柴油机在外力驱动下，从曲轴开始转动到自动运转的全过程称为柴油机的启动。

根据所使用的能量来源不同，柴油机启动方式有人力启动、电力启动和压缩空气启动等几种方式。人力启动只限于 14.7 kW 以下的小型柴油机，电力启动一般适用于 14.7～110.3 kW 的柴油机，压缩空气启动适用于大中型柴油机。根据沿海小型渔船的实际情况，本节侧重介绍电力启动。

1. 启动步骤

① 打开冷却水、润滑油、燃油的阀门，推上电闸接通电源。打开确保柴油机安全运行的安全保险装置（各类报警器、蜂鸣器、指示灯等）。

② 启动时应将油量控制在中速位置，打开排气阀减压。

③ 打开电钥匙，接通电源通路。

④ 按下启动按钮，接通启动电动机通路，如果按启动电钮 5 s，柴油机启动无效，停 1 min 左右再做第二次启动（防止短时间大电流损坏蓄电池），掌握好时间间隔，如果重复启动仍无效应停止启动，查明原因，消除故障后再次启动。

⑤ 启动后，将钥匙关闭，切断电源，启动工作完成。

2. 启动后的检查

① 当柴油机启动后，首先要查看润滑油压力是否正常，发现异常应立即停车，防止化瓦。

② 查看冷却水是否正常，发现不来水应及时排除。

③ 查看排气颜色是否正常，燃烧是否良好，注意运转有无异常声响，发现有明显敲击声、摩擦声和出现飞车，应立即停车检查。

④ 主机启动后应空载运转一段时间，然后逐步增大负荷，防止热应力过大造成机损。

⑤ 挂桨时要查明是正车还是倒车，防止造成事故。

二、柴油机运行

柴油机在运行期间，主要加强对柴油机所属各系统的维护管理，燃油、润滑、冷却三系统的管理尤其重要。

1. 燃油系统

① 确保燃油清洁，防止机械杂质和水分渗入，定期开启贮油柜、日用油柜排污阀，泄放柴油中的杂质和水分，定期清洗柴油滤清器。

② 注意充油驱气，防止气体进入燃油系统，应注意消除泄漏，及时向日用油柜驳油。

③ 防止喷油泵柱塞在套筒内卡紧。

④ 保持正常的供油正时和喷油器喷雾良好。

⑤ 经常注意燃烧情况，运转中可通过排气温度、排气烟色等变化来判断燃烧情况，发现故障应及时排除。

2. 润滑系统

（1）确保滑油压力在规定范围内　柴油机运转时的滑油压力一般为0.15～0.4 MPa，滑油压力应高于冷却水压力。

（2）确保滑油温度在规定范围内　运转中，滑油进机温度应保持在30～50 ℃之间，不允许超过65 ℃，进出滑油冷却器的温差为10～15 ℃。

（3）确保足够的油量　柴油机启动前及运转中应检查油位，使之在正常的范围内。

（4）确保滑油的质量　应保持滑油的清洁，防止燃气漏入曲轴箱，严防冷却水和柴油漏入滑油中。

3. 冷却系统

① 注意观察冷却水的温度和压力，并确保其正常。通常淡水压力为0.2～0.3 MPa，出口温度在65～80 ℃之间，淡水进出口温差不大于20～25 ℃。

② 注意检查并保持膨胀水箱的水位。一般应保持在2/3～3/4之间。

③ 对水泵应定期加注润滑油，并检查水封。

④ 定期清洗冷却系统的水垢、泥沙，保证冷却效果。

⑤ 定期检查自动调温器，观察其动作是否正常。

⑥ 定期清洗检查淡水冷却器。

三、柴油机停车

① 停机前应逐渐减速卸掉负荷，使柴油机在空载下运行5～10 min，以防突然停车造成机内热量无法散出、聚集在机内发生过热现象，使运动部件咬死，气缸、气缸盖因热应力过大而产生裂纹。

② 为确保再次顺利启动，要对蓄电池进行检查，电压低或电解液含量不足要进行充电。

③ 停机后要关闭各油、水、气的阀门，关掉警报设备，旋紧海底阀。

④ 停车后对主要运动进行检查，消除运转中发现的故障隐患，做好检查调整。

⑤ 在严冬季节柴油机长时间不启动应放掉机内的冷却水，防止冻裂机器和管路。

⑥ 长期停车，排气烟筒要罩好，防止雨水流入，定期盘车，防止曲轴

挠曲变形，要向气缸内注入少量润滑油，需要涂黄油部位要涂上黄油，以防锈蚀。

第三节　柴油机常见故障及原因

一、柴油机无法启动

柴油机无法启动是指启动时飞轮（曲轴）不转动或不到一周就停转，一般是由于启动装置的故障造成的。具体原因：

① 电气开关未合上。

② 启动电路线路接触不良。

③ 蓄电池容量不足。

④ 气缸严重漏气或者柴油机卡滞严重。

二、柴油机启动困难

柴油机启动困难是指柴油机达不到启动转速，或者达到启动转速后仍不能启动。具体原因：

① 启动时操作手柄未放置在中速位置。

② 油路中有空气或者有水。

③ 燃油管路、滤清器堵塞。

④ 输油泵不供油或者喷油泵、喷油器故障。

⑤ 供油提前角不正确。

⑥ 气门关闭不严、气缸漏气严重。

⑦ 外部环境温度过低。

三、柴油机自动停车

柴油机自动停车是指柴油机在运转过程中未经人为操作停止运转。具体原因：

① 燃油耗尽。

② 燃油系统中含有空气和水。

③ 燃油管路、滤清器堵塞。

④ 柴油机拉缸、烧瓦。

⑤ 负荷突然过大。

四、柴油机飞车

柴油机飞车指柴油机转速瞬间升高，导致重大事故发生。一般应迅速采取断油、断气等方式处理。具体原因：

① 调速器发生故障。

② 喷油泵故障。

③ 负荷突卸。

五、柴油机排气烟色不正常

柴油机正常工作的排气烟色为无色或者略带淡灰色，柴油机冒黑烟、白烟、蓝烟均为不正常现象（图 3-11 所示）。具体原因：

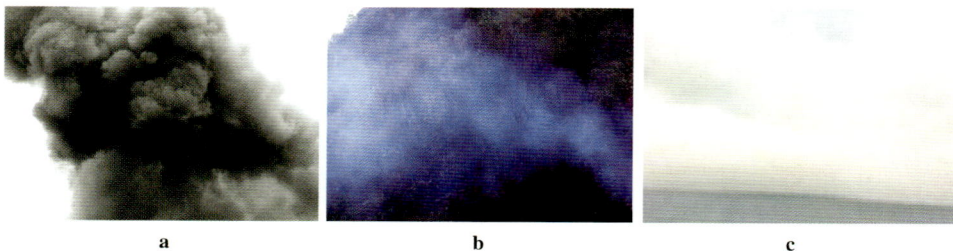

图 3-11 不正常的烟色

a. 黑烟　b. 蓝烟　c. 白烟

① 柴油机冒黑烟多为柴油机燃烧不良。

② 柴油机冒白烟是因为燃油中含有水分或者缸内进水。

③ 柴油机冒蓝烟是机油窜入燃烧室导致柴油机烧机油。

第四节　舷外挂机与挂桨装置

一、组成

（一）舷外挂机

对于沿海小型渔业船舶或渔用快艇等，因船体空间限制，不宜布置传统动力装置，常设有挂机或挂桨装置。

舷外挂机是把发动机（柴油机或汽油机）和螺旋桨传动装置制成一个整体，挂在船尾舷外，它的发动机是通过传动装置和螺旋桨直接相连的（图 3-12）。由于发动机、传动轴及螺旋桨等装置挂在舷外，整机和螺旋桨可绕托架衬套的中线回转，并可起到舵的作用。扳起舵柄还能使螺旋桨上翘而露出水面，对桨起到保护作用。必要时，还可将整套挂机装置拆下检修或更换。

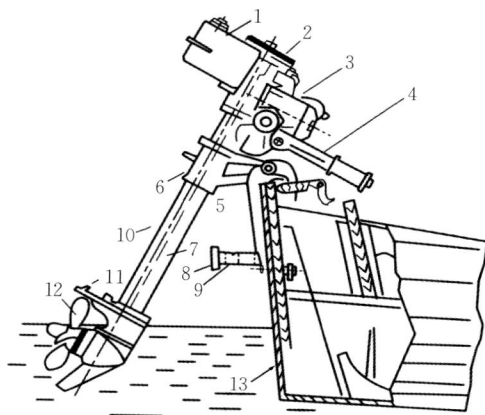

图 3-12　舷外挂机装置

1. 油箱　2. 飞轮及走动盘　3. 发动机　4. 舵柄　5. 托架支　6. 托架衬套　7. 尾管
8. 承推支承　9. 承推支架　10. 倒车挂钩　11. 挡水　12. 螺旋桨　13. 船体

（二）舷外挂桨装置

舷外挂桨装置不同于舷外挂机（图 3-13），船用挂桨是由柴油机和螺旋桨传动装置两个独立部分组成。

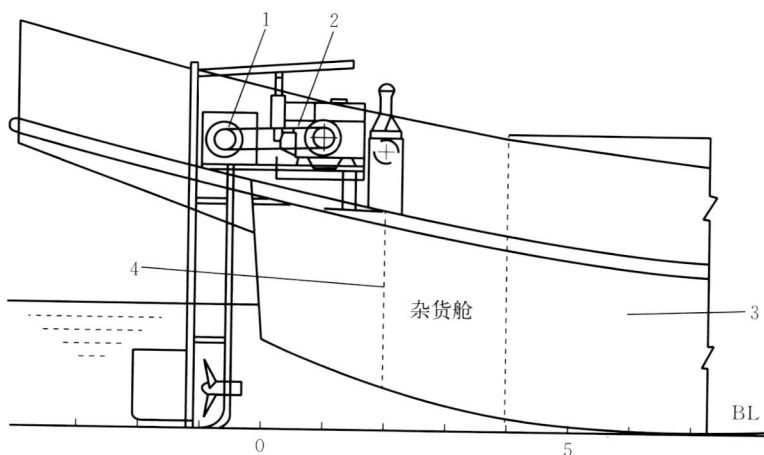

图 3-13　舷外挂桨装置

1. 挂桨　2. 柴油机　3. 后船员舱　4. 杂货舱

挂桨装置发动机一般设置于舷内尾部甲板或舱内，通过皮带可直接带动传动装置驱动螺旋桨。目前全国各地研制的船用挂桨型号较多，其结构和传递功率各不相同，但工作原理基本相同。

挂桨装置一般由上箱部分、中间部分、下箱部分、操纵部分和附件部分组成。

1. 上箱部分

主要由皮带轮、上箱体、花键轴、离合滑套、上箱小锥齿轮、摇臂和滑块等部件组成。通过拨动滑套，实现分离和结合柴油机动力，实现变挡换向并通过大小锥齿实现一级减速。

2. 中间部分

主要由上箱大锥齿轮、下箱小锥齿轮、传动轴中间轴管和油封等组成。主要作用是连接上下箱体，并将上箱的动力传递给下箱。

3. 下箱部分

主要由下箱体、下箱大锥齿轮、螺旋桨轴、螺旋桨、轴承和油封等组成。

4. 操纵部分

主要由舵杆、舵板、舵管支座和防护拖板等组成。主要作用是转动舵板实现转向。

5. 附件部分

主要由机架、操纵杆和油门拉杆等组成。主要作用是供安装柴油机，挂桨和操纵变速用。

二、操作

1. 挂桨机的特点

① 结构紧凑，体积小、重量轻、拆装维护方便。

② 操纵性能好，转弯灵活。

③ 操作方便，离合器、油门、舵集中于一个舵柄操作，既保持了传统操舵习惯，又十分方便，适宜单人独自掌握使用。

④ 安装简便，不占舱位，无需破坏船体，安装时对船体无特殊要求。

2. 挂桨机的操作

挂桨机有三个挡位：前进挡、倒挡和空挡。

（1）**前进挡时**　滑套向左移和左侧上箱小锥齿啮合，动力传递路线是：

皮带轮-花键轴-离合滑套-左侧上箱小锥齿轮-大锥齿轮-传动轴-下箱小锥齿轮-下箱大锥齿轮-螺旋桨轴-螺旋桨，此时螺旋桨为正转。

（2）倒挡时　滑套向右移和右侧上箱小锥齿啮合，动力传递路线是：皮带轮-花键轴-离合滑套-右侧上箱小锥齿轮-大锥齿轮-传动轴-下箱小锥齿轮-下箱大锥齿轮-螺旋桨轴-螺旋桨，此时螺旋桨为反转。

（3）空挡时　滑套位于中间位置，动力传递路线是：皮带轮-花键轴-滑套，此时停车空转，螺旋桨不动。

三、注意事项

1. 挂桨机使用前的准备

① 检查润滑油的油面高度。

② 检查各部分的紧固螺钉、螺母是否松动。

③ 检查油门、变速、倒挡、转向等机构的调整是否正确。

④ 对各人工加油部位加轮滑油。

⑤ 转动皮带盘，检查各挡位有无异常响声。

⑥ 调整三角皮带至适当紧度。

2. 挂桨机的操作注意事项

（1）**起步**　启动前放空挡，运转后，船尾离码头，方可吃挡。

（2）**转弯**　先小油门或脱挡，禁止高速急转弯。

（3）**换挡**　禁止直接快速换挡，换挡前应先小油门并在空档停留 3～5 s。

（4）**过浅滩**　应脱挡滑行，搁浅后，先使挂桨上翘再排浅。

（5）**装载**　严禁超载，调整重心，船头上翘，减少阻力。

（6）**拖船**　挂桨船位要装有刚性保护架，海上拖船要保持至少 8 m 距离。

（7）**停泊**　船靠码头应减速脱档慢行，船头先靠岸，严禁熄火后停车变挡，以免变挡机构变形。

3. 挂桨机的维护保养

① 新机或更换过齿轮等重要零件的挂桨机第一次使用 50 h 后应更换上下箱机油一次。

② 挂桨机正常使用 200 h 应检查锥齿轮的啮合间隙，必要时进行调整。

③ 挂桨机工作 200 h 后应检查锥齿轮、爪形套、离合滑套、轴承油封等零件的磨损及完好情况，必要时加以维修或更换。

④ 挂桨机每工作 200 h，上下箱体的润滑油更换一次。

读一读

座舱机布置船舶动力装置

座舱机布置的渔船动力装置包括主机、传动设备、轴系以及推进器等（图 3-14）。当启动主机，即可驱动传动设备和轴系，通过推进器在水中旋转时产生的推力使船舶前进或后退。

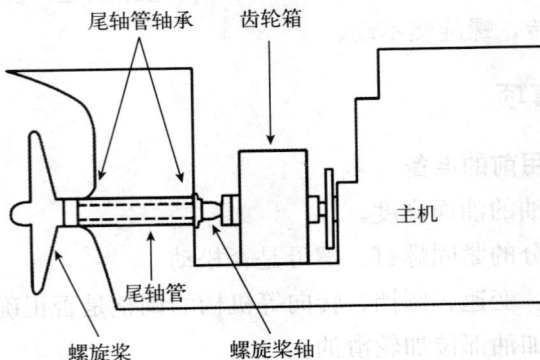

图 3-14　座舱机布置的动力装置

第五节　电气常识

一、电的基本知识

(一) 电路

电路，就是电流所通过的路径（图 3-15）。电路一般由电源（干电池）、负载（灯泡）、中间环节（导线）、控制及保护装置（开关）四部分组成。我们将渔船上的蓄电池、开关、照明灯泡，用导线连接起来就是一个简单的电路。

(二) 电流、电压与电阻

1. 电流

如同水能在管中流动一样，电荷也能在导体中流动。电路接通后，电荷有规则地定向运动就形成了电流（图 3-16）。

电流的强弱用电流强度来衡量，用 I 表示。其电流强度用单位时间内通过导体横截面的电量来衡量。电流 I 的单位为安培（A），简称安。常用的电流单位还有：微安（μA）、毫安（mA）、千安（kA）等。

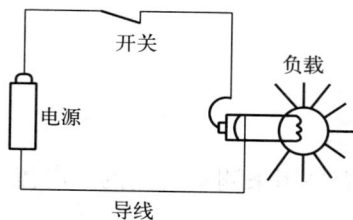

图 3-15 电 路

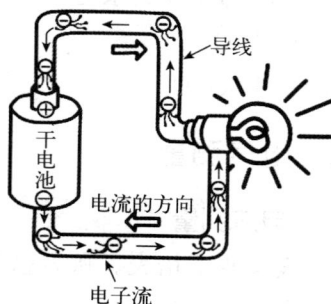

图 3-16 电 流

它们与安培的换算关系为：

1 kA＝1 000 A；

1 A＝1 000 mA；

1 mA＝1 000 μA。

（1）**直流电** 大小和方向不随时间变化的电流，称为直流电。在直流电的作用下的电路称为直流电路。

我们常用的手电筒、手机、航行灯等的电源都属于直流电。

（2）**交流电** 大小和方向随时间作周期性变化的电流，称为交流电。在交流电的作用下的电路称为交流电路。

2. 电压

电流所以能够流动，也是因为在电路中有着高电位和低电位之间的差别。电路中任意两点间的电位差，称为这两点间的电压，用字母 *U* 表示。单位制为伏特（V），常用的单位还有毫伏（mV）、微伏（μV）、千伏（kV）等。

它们与伏特的换算关系为：

1 kV＝1 000 V；

1 V＝1 000 mV；

1 mV＝1 000 μV。

3. 电阻

导体对电流的阻碍作用称为电阻，用 *R* 表示。任何物质都有电阻，当有电流流过时，克服电阻的阻碍作用就需要消耗一定的能量。电阻元件就是对电流呈现阻碍作用的耗能元件，例如灯泡、电热炉等。经常用的电阻单位还有（Ω）、千欧（kΩ）、兆欧（MΩ）。

它们与欧的换算关系为：

1 MΩ＝1kΩ；

1 kΩ＝ 1 000 Ω。

二、电气测量

（一）电流测量

电流表又叫安培表。顾名思义，电流表是用来测量电流的。电流表有指针式与数字式两大类。

测量直流电和交流电的电流表结构不同，如图 3-17 所示为磁电式电流表，通常用来测量直流电流，如图 3-18 所示为电磁式电流表，通常用来测量交流电流，一般不可互换。

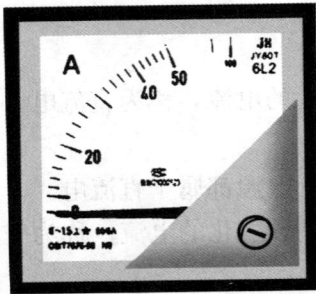

图 3-17　直流电流表

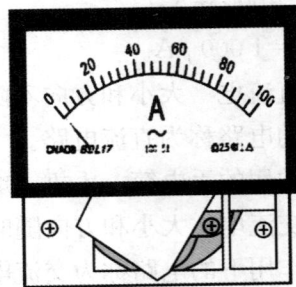

3-18　交流电流表

如图 3-19 所示，电流表的使用很简单，不论测量的是直流电流还是交流电流，电流表应串联在电路中，使用指针式电流表测量直流电流时，电流表上标注"＋"的一端应接电路中接近正极的高电位，电流表上标注"－"的一端应接电路中接近负极的低电位，以确保电流表正向偏转。测量交流电时，无需区分正负极。

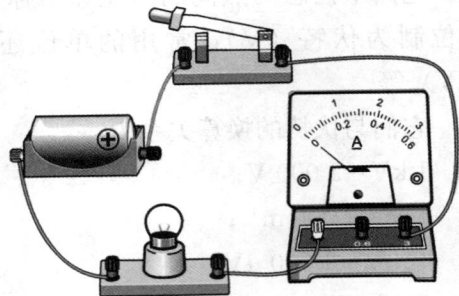

图 3-19　测量电流

电流表的内阻很小，以免影响被测电路的参数，因此，应特别注意不能将电流表并联在电路的两端，否则电流表将被烧毁。

注意事项：

1. 正确选择量程

用电流表直接测量电流时，应确保电流表的量程大于被测电路的实际估值电流。如果电流表标注的最大量程是 20A，说明该电流表的此时只能测量20A 以下的电流。

2. 接线正确

在测量直流电流时，一定要区分接线柱的极性。

（二）电压测量

电压表又叫伏特表。顾名思义，电压表是用来测量电压的。电压表有指针式与数字式两大类。

电压表是用来测量电源和负载电路两端的电压的，测量时与它们并联在电路中。测量直流电压常用磁电式电压表，测量交流电压常用电磁式电压表。

如图 3-20 所示，电压表的使用很简单，不论测量的是直流电压还是交流电压，电压表应并联在电路中，使用指针式电压表测量直流电压时，电流表上标注"＋"的一端应接电路中接近正极的高电位，电流表上标注"－"的一端应接电路中接近负极的低电位，以确保电流表正向偏转。测量交流电时，无需区分正负极。

注意事项：

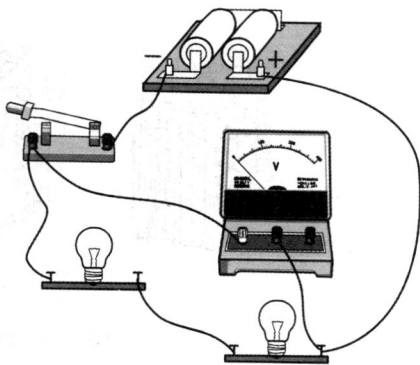

图 3-20 测量电压

1. 正确选择量程

在选购指针式电压表时，应选择内阻比较大的电压表，因为电压表的内阻越大，对测量电路的影响就越小，测量结果越接近正确值。

用电压表直接测量电压时，应确保电压表的量程大于被测电路的实际估值电压。如果电压表标注的最大量程是 20 V，说明该电压表的此时只能测量 20 V 以下的电压。

2. 接线正确

在测量直流电压时，一定要区分接线柱的极性。

第六节 酸性蓄电池

一、蓄电池构造和工作原理

（一）蓄电池结构

蓄电池是一种化学电源。它是将电能转化为化学能积蓄起来（称充电过程），使用时将积蓄的部分化学能又转化为电能（称放电过程）的一种装置。

由于蓄电池具有电压稳定、使用方便、安全可靠、经济实用等优点，渔船上一般用作应急电源，小型渔船也可作启动柴油机和照明电源使用。

蓄电池有酸性和碱性两种，渔船上多以酸性蓄电池为主。

如图 3-21 所示，酸性蓄电池由电池壳、极板、隔板和电解液等组成。

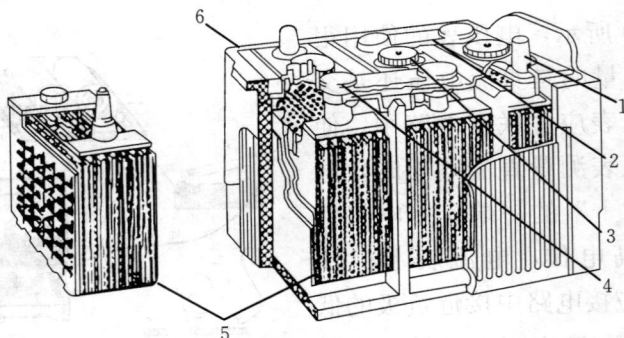

图 3-21 酸性蓄电池的构造

1. 极桩 2. 连条 3. 注液孔盖 4. 电池盖 5. 极板组 6. 外壳

电池壳由耐酸的硬橡胶材料组成，极板有正极板和负极板两种。正极板为二氧化铅（PbO_2），负极板为纯铅（Pb）。两者交替排列在栅格架上，然后把相同的极板连接起来成正极板组和负极板组。一般每一片正极板夹在两片负极板之间，所以负极板总是比正极板多一片；隔板是采用多孔性的绝缘材料，分别使正、负极板相互隔离，防止极板间短路。采用多孔性隔板的作用是使电解液在极板间自由扩散，充分发挥极板的化学反应，电解液对酸性蓄电池而言是稀硫酸溶液。当组成一个蓄电池后，一般在其电池壳上在正极板组的一端涂以红色标记或刻有"＋""P"的符号，而负极板组则涂以绿色标记或刻有"—""N"符号，以便识别。

（二）蓄电池工作原理

1. 蓄电池的工作原理

蓄电池的充放过程也就是它的化学反应过程，其化学反应方程式为：

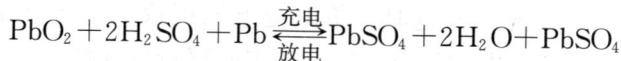

$$PbO_2 + 2H_2SO_4 + Pb \underset{放电}{\overset{充电}{\rightleftharpoons}} PbSO_4 + 2H_2O + PbSO_4$$

当蓄电池的正负极板间接上负载时，正负极板上的活性物质与硫酸起化学反应，逐渐转化为硫酸铅（H_2SO_4），使电解液中的硫酸成分减少而形成水分，电解液的相对密度逐渐降低。此时，两极板上的活性物质都变成硫酸铅，蓄电池的电压随之下降。当电压下降到一定值时，不能再进行放电，否则蓄电池将成为不可逆的状态。所以放电到一定状态后，应进行充电。充电就是把蓄电池接到直流电源上，在直流电源的作用下，使极板上的活性物质逐渐恢复原状，在活性物质还原的过程中，使电解液中的硫酸成分逐上升，蓄电池的端电压上升。由于充电过程是化学反应的还原过程，所以会在两组极板间产生大量的氧气和氢气，出现冒泡现象。

2. 蓄电池的充放电

（1）蓄电池的放电过程　蓄电池放电时，电流从正极板流出，经过负载，从负极板流入，电解液中的硫酸与两极板上的活性物质发生化学反应，使正极板上的二氧化铅及负极板上的纯铅逐渐变成硫酸铅，电解液中的硫酸成分减少，含量降低。这个过程是蓄电池化学能转变为电能的过程。蓄电池放电完毕通常从三个方面予以判断：

① 单格电池电压下降到 1.25 V 左右。

② 电解液的相对密度下降到 1.17 左右。

③ 适当的照明负载出现灯泡"发红"现象。

（2）蓄电池的充电过程　要使蓄电池能继续供电，必须用直流发电机对蓄电池进行充电。蓄电池充电时，直流发电机或充电器是充电的电源，而蓄电池是负载，充电电流自发电机正极流出，经蓄电池正极、电解液、蓄电池负极流回到发电机负极。由于充电电流的作用，使正、负极板上的硫酸铅放出硫酸分别还原成二氧化铅和海绵状的纯铅，电解液中硫酸成分增加，电解液含量上升，这是蓄电池吸收电能转变为化学能的过程。蓄电池充电是否充足通常从三个方面予以判断：

① 单格电压达到 2.7 V 左右。

② 电解液相对密度上升到 1.28～1.30。

③ 正、负极板附近有急剧的冒气泡现象。

应当指出，不管蓄电池处于充足电状态还是放电完毕的状态，其单格电压始终保持在 2 V 左右，前面提到的蓄电池的单格电压，是在充、放电过程中的临时变化，当不充、放电时，单电池电压很快就稳定在 2 V 左右。所以，在用电压表判断蓄电池的充、放电状态时要特别谨慎。

二、蓄电池的使用和维护保养

（一）蓄电池的充电

蓄电池充电的形式有正常充电、初次充电、过充电三种。

1. 正常充电

是指对已经放电达到需充电标准的电池、部分放电及充电后搁置一段时间需重新使用，对电池进行充电的均称正常充电。这种充电方式在开始时先按容量 1/10 电流充电至单格电压达 2.4 V 后，再以原充电电流的 1/2 继续充电，直至使单格电压为 2.75 V，电解液相对密度为 1.28 时，再充电 1 h 即完成正常充电。

2. 初次充电

是指新蓄电池的第一次充电。充电前先配制好在常温下相对密度为 1.28 的电解液（即硫酸溶液），然后注入电池壳内，使液面高出极板 15 mm 左右，静置 2~8 h，待温度下降到 35 ℃以下、电解液相对密度为 1.16 左右就可进行充电。开始以小电流长时间的慢充，即按容量的 1/15 电流连续充电 30 h，当单格电压达 2.4 V 后，按原充电电流的 1/2 电流继续充电 30 h，使单格电压达 2.7 V，电解液的相对密度为 1.28，且 3 h 中无变化为止。充电结束后，按容量 1/10 的电流进行试验放电，然后再按容量的 1/10 的电流再次充电，充电完毕后即可使用。

3. 过充电

是指正常充电不足状态下的继续充电。在蓄电池正常充电后，按容量的 1/20 充电电流继续充电，直至电池冒泡后，停充 1 h，再充 1 h，这样重复 2~3 次后，当充电装置刚合闸，电池就强烈冒泡为止。

（二）蓄电池的维护保养

蓄电池的维护保养工作非常重要，这对延长电池的使用寿命影响很大。在日常工作中必须注意的事项有：

① 蓄电池应存放在通风处，防止高温，严禁烟火及堆放金属物的地方。

② 壳面要保持清洁、干燥，以免自放电或漏电，注液盖应旋紧，透气孔必须畅通，防止蓄电池胀裂。

③ 接线柱和接线紧密接触，及时消除氧化物。

④ 严防两极接线相碰造成短路；蓄电池放电后要及时充电，冬季以 1/10 容量的电流充电，夏季以 1/15～1/20 容量的电流充电，充电过程中蓄电池的水温不超过 45 ℃。

⑤ 为防止极板硫化，须定期进行过充电。即使不经常使用的蓄电池每月也得进行维护性充电 1～2 次；定期检查电解液的相对密度，不得低于 1.17 和高于 1.28。

⑥ 严禁过分放电，单格电池的电压不得低于 1.17 V，电液面要高出极板 15～20 mm，否则需加蒸馏水。除特殊情况损失电解液外，严禁添加电解液。在添加蒸馏水后必须及时充电。

⑦ 在寒冷地区使用蓄电池时，要经常保持蓄电池充足状态，以免电解液冻结而损坏电池。

⑧ 电解液的配制必须注意用纯化学用或专门的蓄电池用的浓硫酸，需用蒸馏水或净洁的雨水稀释制成，不允许用工业硫酸代替。配置电解液时，将浓硫酸缓慢地倒入耐酸容器的水中，边倒边用玻璃棒搅动，加速硫酸在水中均匀扩散，直至电解液到所规定的相对密度为止。电解液配制完后，待冷却至 35 ℃以下时，才能注入电池壳内。为防止配制电液时硫酸溅出伤害人体，必须做好防护工作。

第七节　渔船配电系统与用电安全

一、配电系统

渔船电力系统由电源、配电装置、电力网及用电负载组成。

1. 电源

它是将其他形式的能量转换成电能的装置，渔船常用的电源设备是交流或直流发电机和蓄电池组。

2. 配电装置

它的作用是对电源进行保护、监视分配、转换和控制。根据要求可分为总配电盘、分配电盘（动力、照明分配电盘）、应急配电盘、蓄电池充放电盘等。

3. 电力网

它是全船电缆电线的总称。它的作用是将电能输送到全船所有的用电设备。

4. 负载

即各类用电设备。它是将电能转换成所需能量的电气设备。包括照明设备、生活用电等设备。

二、用电安全

（一）触电伤害的种类

触电是指人体触及带电的物体，受到较高电压和较大电流的伤害（图3-22）。按照伤害程度的不同，触电可分为电伤（外伤）和电击（内伤）两类。

1. 电伤

电路放电时电弧或飞溅物使人体外部发生烧伤、烫伤的现象。

图 3-22 触 电

2. 电击

人体触到带电物体时，有电流通过人体内部器官而造成的伤害。

触电时，由于人体接触带电物体的方式不同，而使电流流经人体的路径不同，其伤害程度也不一样。

（二）影响触电伤害程度的因素

人体触电后受伤害的程度与下列因素有关：

1. 与流经人体电流的大小有关

流经人体电流的大小是影响伤害程度的主要因素。当流经人体的电流达到 0.5 mA 时，人就有所感觉；当电流达到 2.3 mA 时，人就感觉疼痛；当电流达到 50 mA 时就有生命危险。一般情况下，流经人体的电流交流在 15～20 mA 以下，直流 50 mA 以下，人的头脑清醒，有能力自己摆脱带电体，不致受到伤害，是安全的。

2. 与电源的频率和电流的种类有关

25～300 Hz 的交流电对人体的伤害程度最大，交流比直流危害大。

3. 与电压的高低、持续时间的长短有关

一般情况下电压在 36 V 以下，由于人体电阻的作用，通过人体的电流在 50 mA 以下，不至于造成伤害。因此我国规定 36 V 以下为安全电压。对在潮湿度很大的空气中，应将安全电压定在 12 V，12 V 为绝对安全电压。但在水中 12 V 也是不安全的。

4. 与人体电阻的大小、电流流经人体的路径、人的健康状况有关

电流从一只手到另一只手或从手到脚流经心脏最危险。健康的人受伤害小。

（三）触电的原因及预防

1. 引起触电的原因

引起触电的原因很多，但主要有三点：

① 思想麻痹，不遵守安全规则，直接触及或过分靠近电气设备的带电部分。

② 电气设备年久失修，绝缘破坏，没有可靠接地，人体触到这种电气设备的金属外壳引起触电。

③ 因意外的原因使电线下落与人体接触引起触电。

2. 预防措施

① 克服麻痹大意思想，任何操作严格遵守安全规则。

② 及时维修、保养好电气设备，保持电气设备绝缘良好，接地可靠。

③ 进行电器维修和操作时，为了保证安全、防止发生触电事故，必须使用各种安全工具。常用的安全工具有：各种绝缘手套、装有绝缘柄的电工工具、试电笔、橡皮垫等。这些工具都要保证清洁、完好，耐压等级符合要求。

3. 安全规则要点

① 工作前应把衣服扣好，必要时扎紧裤脚，不要把手表、钥匙等金属物品带在身上，工作时应穿胶底安全鞋或干布鞋。不要穿短衣裤和拖鞋进行工作。

② 使用的工具要完备良好，绝缘工具的绝缘套不得有损坏。

③ 电气器具的电线、插头必须完好，36 V 以上的电气器具要用带接地线的插头。

④ 电器开关，无关人员不得乱动，禁止用湿手和在潮湿的地方使用电器或开启开关。

⑤ 修理线路或线路上的电器时，应切断电源，取下熔断器并挂上警告牌。修理完毕，在确认无人后方可通电。

⑥ 尽量避免带电作业，如需带电作业必须经批准，并采取可靠的安全措施。作业时需有专人监护，尽可能用一只手接触带电部分和进行操作。

⑦ 高空作业要系安全带，并注意所用工具、器件勿失手下落，以防伤人和损坏设备。

⑧ 携带式工作灯要用 36 V 以下的电源。

第四章　渔业法规

第一节　渔业船员管理

《中华人民共和国渔业船员管理办法》规定渔业船员实行持证上岗制度（图 4-1），其主要内容有：

图 4-1　持证上岗制度

一、渔业船员分类

渔业船员分为职务船员和普通船员。职务船员是负责船舶管理的人员，包括以下五类：

（1）驾驶人员　职级包括船长、船副、助理船副。

（2）轮机人员　职级包括轮机长、管轮、助理管轮。

（3）机驾长

（4）电机员

（5）无线电操作员

二、海洋渔业职务船员证书等级

（一）驾驶人员证书

（1）一级证书　适用于船舶长度 45 m 以上的渔业船舶，包括一级船长证书、一级船副证书。

（2）二级证书　适用于船舶长度 24 m 以上不足 45 m 的渔业船舶，包括二级船长证书、二级船副证书。

（3）三级证书　适用于船舶长度 12 m 以上不足 24 m 的渔业船舶，包括三级船长证书。

（4）助理船副证书　适用于所有渔业船舶。

（二）轮机人员证书

（1）一级证书　适用于主机总功率 750 kW 以上的渔业船舶，包括一级轮机长证书、一级管轮证书。

（2）二级证书　适用于主机总功率 250 kW 以上不足 750 kW 的渔业船舶，包括二级轮机长证书、二级管轮证书。

（3）三级证书　适用于主机总功率 50 kW 以上不足 250 kW 的渔业船舶，包括三级轮机长证书。

（4）助理管轮证书　适用于所有渔业船舶。

（三）机驾长证书

适用于船舶长度不足 12 m 或者主机总功率不足 50 kW 的渔业船舶上，驾驶与轮机岗位合一的船员。

（四）电机员证书

适用于发电机总功率 800 kW 以上的渔业船舶。

（五）无线电操作员证书

适用于远洋渔业船舶。

三、职务船员证书申请条件

申请渔业职务船员证书应当具备以下条件：

① 持有渔业普通船员证书或下一级相应职务船员证书。

② 年龄不超过 60 周岁，对船舶长度不足 12 m 或者主机总功率不足 50 kW 渔业船舶的职务船员，年龄资格上限可由发证机关根据申请者身体健康状况适当放宽。

③ 符合任职岗位健康条件要求。

④ 具备相应的任职资历条件，且任职表现和安全记录良好。

⑤ 完成相应的职务船员培训，在远洋渔业船舶上工作的驾驶和轮机人员，还应当接受远洋渔业专项培训。

四、船员职责

（一）工作职责

渔业船员在船工作期间，应当履行以下职责：

① 携带有效的渔业船员证书。

② 遵守法律法规和安全生产管理规定，遵守渔业生产作业及防治船舶污染操作规程。

③ 执行渔业船舶上的管理制度、值班规定。

④ 服从船长及上级职务船员在其职权范围内发布的命令。

⑤ 参加渔业船舶应急训练、演习，落实各项应急预防措施。

⑥ 及时报告发现的险情、事故或者影响航行、作业安全的情况。

⑦ 在不严重危及自身安全的情况下，尽力救助遇险人员。

⑧ 不得利用渔业船舶私载、超载人员和货物，不得携带违禁物品。

⑨ 不得在生产航次中辞职或者擅自离职。

（二）值班职责

渔业船员在船舶航行、作业、锚泊时应当按照规定值班。值班船员应当履行以下职责：

① 熟悉并掌握船舶的航行与作业环境、航行与导航设施设备的配备和使用、船舶的操控性能、本船及邻近船舶使用的渔具特性，并随时核查船舶的航向、船位、船速及作业状态。

② 按照有关的船舶避碰规则以及航行、作业环境要求保持值班瞭望（图 4-2），并及时采取预防船舶碰撞和污染的相应措施。

图 4-2　值班瞭望

③ 如实填写有关船舶法定文书。

④ 在确保航行与作业安全的前提下交接班。

第二节　渔业船舶管理

一、渔业船舶检验

《中华人民共和国渔业船舶检验条例》规定国家对渔业船舶实行强制检验制度（图4-3）。强制检验分为初次检验、营运检验和临时检验。

你好！国家规定渔船是必须进行检验的！

我的船不用检验

图 4-3　强制检验制度

（一）初次检验

渔业船舶的初次检验是指渔业船舶检验机构在渔业船舶投入营运前对其所实施的全面检验。下列渔业船舶的所有者或者经营者应当申报初次检验：

（1）**制造的渔业船舶**

（2）**改造的渔业船舶**　包括非渔业船舶改为渔业船舶、国内作业的渔业船舶改为远洋作业的渔业船舶。

（3）**进口的渔业船舶**　制造、改造的渔业船舶，其设计图纸、技术文件应当经渔业船舶检验机构审查批准，并在开工制造、改造前申报初次检验。设计、制造、改造渔业船舶的单位应当符合国家规定的条件，并遵守国家渔业船舶技术规则。

（二）营运检验

渔业船舶的营运检验是指渔业船舶检验机构对营运中的渔业船舶所实施的常规性检验。

渔业船舶检验机构应当按照国务院渔业行政主管部门的规定，根据渔业船舶运行年限和安全要求对下列项目实施检验：

① 渔业船舶的结构和机电设备。

② 与渔业船舶安全有关的设备、部件。

③ 与防止污染环境有关的设备、部件。

④ 国务院渔业行政主管部门规定的其他检验项目。

（三）临时检验

渔业船舶的临时检验是指渔业船舶检验机构对营运中的渔业船舶出现特定情形时所实施的非常规性检验。渔业船舶遇有下列情形之一时，其所有者或者经营者应当向渔业船舶检验部门申报临时检：

① 因检验证书失效而无法及时回船籍港的。

② 因不符合水上交通安全或者环境保护法律、法规的有关要求被责令检验的。

③ 具有国务院渔业行政主管部门规定的其他特定情形的。

二、渔业船舶登记

《中华人民共和国渔业船舶登记办法》（以下简称《登记办法》）规定，中华人民共和国公民或法人所有的渔业船舶，以及中华人民共和国公民或法人以光船条件从境外租进的渔业船舶，应当依照进行登记。渔业船舶依照《登记办法》办法进行登记，取得中华人民共和国国籍，方可悬挂中华人民共和国国旗航行。

（一）所有权登记

1. 申请人

渔业船舶所有权登记，由渔业船舶所有人申请（图4-4）；共有的渔业船舶，由持股比例最大的共有人申请；持股比例相同的，由约定的共有人一方申请。

2. 申请材料

① 渔业船舶所有人户口簿或企业法人营业执照。

② 取得渔业船舶所有权的证明文件。

图4-4 所有权登记

a. 制造渔业船舶，提交建造合同和交接文件；

b. 购置渔业船舶，提交买卖合同和交接文件；

c. 因继承、赠与、拍卖以及法院判决等原因取得所有权的，提交具有相应法律效力的证明文件；

d. 渔业船舶共有的，提交共有协议；

e. 其他证明渔业船舶合法来源的文件。

③ 渔业船舶检验证书、渔业船舶船名核定书。

④ 反映船舶全貌和主要特征的渔业船舶照片。

⑤ 原船籍港登记机关出具的渔业船舶所有权注销登记证明书（制造渔业船舶除外）。

⑥ 捕捞渔船和捕捞辅助船的渔业船网工具指标批准书。

⑦ 养殖渔船所有人持有的养殖证。

⑧ 进口渔业船舶的准予进口批准文件和办结海关手续的证明。

⑨ 农业部规定的其他材料。

登记机关准予登记的，向渔业船舶所有人核发渔业船舶所有权登记证书。

（二）国籍登记

（1）**申请人**　渔业船舶所有人是渔业船舶国籍登记申请人。

（2）**申请材料**　申请国籍登记（图4-5），应当填写渔业船舶国籍登记申请表，并提交下列材料（国籍登记与所有权登记同时申请的，前六项材料为共同办理材料，不需重复提交）：

图 4-5　取得航行权

① 渔业船舶所有人的户口簿或企业法人营业执照。

② 渔业船舶所有权登记证书。

③ 渔业船舶检验证书。

④ 捕捞渔船和捕捞辅助船的渔业船网工具指标批准书。

⑤ 养殖渔船所有人持有的养殖证。

⑥ 进口渔业船舶的准予进口批准文件和办结海关手续的证明。

⑦ 渔业船舶委托其他渔业企业代理经营的，提交代理协议和代理企业

的营业执照。

⑧ 原船籍港登记机关出具的渔业船舶国籍注销或者中止证明书（制造渔业船舶除外）。

⑨ 农业部规定的其他材料。

（三）注销登记

1. 适用情形

渔业船舶有下列情形之一的，应当申办所有权注销登记：

① 所有权转移的。

② 灭失或失踪满六个月的。

③ 拆解或销毁的。

④ 自行终止渔业生产活动的。

2. 申请材料

渔业船舶出现上述的适用所有权注销的情形之一的，船舶所有人应当向原渔业船舶所有权登记机关提出注销登记申请，填写完备渔业船舶注销登记申请表，并提供下列材料：

① 渔业船舶所有人的户口簿或企业法人营业执照。

② 渔业船舶所有权登记证书、国籍证书和航行签证簿。因证书灭失无法交回的，应当提交书面说明和在当地报纸上公告声明的证明材料。

③ 捕捞渔船和捕捞辅助船的捕捞许可证注销证明。

④ 注销登记证明材料。

⑤ 农业部规定的其他材料。

登记机关准予注销登记的，应当收回第二项所列证书，并向渔业船舶所有人出具渔业船舶注销登记证明书。登记机关在注销渔业船舶所有权登记时，应当同时注销该渔业船舶国籍。

第三节　渔港管理

一、渔港水域安全管理

《中华人民共和国渔港水域交通安全管理条例》对渔港、渔船和船上人员提出了具体要求，渔港方面的主要内容有：

① 渔港是指主要为渔业生产服务和供渔业船舶停泊、避风、装卸渔获物和补充渔需物资的人工港口或者自然港湾。

② 渔港水域是指渔港的港池、锚地、避风湾和航道。

③ 船舶在渔港内停泊、避风和装卸物资，不得损坏渔港的设施装备；造成损坏的应当向渔政渔港监督管理机关报告，并承担赔偿责任。

④ 船舶在渔港内装卸易燃、易爆、有毒等危险货物，必须遵守国家关于危险货物管理的规定，并事先向渔政渔港监督管理机关提出申请，经批准后在指定的安全地点装卸。

⑤ 在渔港内新建、改建、扩建各种设施，或者进行其他水上、水下施工作业，除依照国家规定履行审批手续外，应当报请渔政渔港监督管理机关批准。

⑥ 在渔港内的航道、港池、锚地和停泊区，禁止从事有碍海上交通安全的捕捞、养殖等生产活动；确需从事捕捞、养殖等生产活动的，必须经渔政渔港监督管理机关批准。

二、船舶进出渔港签证管理

《中华人民共和国船舶进出渔港签证办法》规定凡进出渔港（含综合性港口内的渔业港区、水域、锚地）的中国籍船舶均需办理进出港签证。

（一）签证制度

① 船舶应在进港后 24 h 内（在港时间不足 24 h 的，应于离港前），向渔港监督机关办理进出港签证手续，并接受安全检查。签证工作一般实行进出港一次签证。渔业船舶若临时改变作业性质，出港时仍需办理出港签证。

② 在海上连续作业时间不超过 24 h 的渔船（包括水产养殖船），以及长度在 12 m 以下的小型渔业船舶，可向所在地或就近渔港的渔港监督机关或其派出机构办理签证，并接受安全检查。

（二）签证条件

进出渔港的船舶须符合下列条件，方能办理签证：

① 船舶证书（国籍证书或登记证书、船舶检验证书、航行签证簿）齐全、有效。捕捞渔船还须有渔业捕捞许可证。

捕捞渔船临时从事载客、载货运输时，须向船舶检验部门申请临时检验，并取得有关证书；

150 t 以上的油轮、400 t 以上的非油轮和主机额定功率 300 kW 以上的渔业船舶，应备有油类记录簿；

从事倾倒废弃物作业的船舶，应持有国家海洋局或其派出机构的批准文件。

② 按规定配齐船员、职务船员应持有的有效职务证书。

③ 船舶处于适航状态。各种有关航行安全的重要设施及救生、消防设备按规定配备齐全，并处于良好使用状态。装载合理，按规定标写船名、船号、船籍港和悬挂船名牌。

④ 装运危险物品的船舶，其货物名称和数量应与船舶装运危险物品准运单所载相符，并有相应的安全保障和预防措施，按规定显示信号。

⑤ 没有违反中华人民共和国法律、行政法规或港口管理规章的行为。

⑥ 已交付了承担的费用，或提供了适当的担保。

⑦ 如发生交通事故，按规定办完处理手续。

⑧ 根据天气预报，海上风力没有超过船舶抗风等级。

三、渔业船舶水上安全事故

（一）事故种类

根据《渔业船舶水上安全事故报告和调查处理规定》，渔业船舶水上安全事故包括水上生产安全事故（图 4-6）和自然灾害事故。

1. 水上生产安全事故

包括碰撞、风损、触损、火灾、自沉、机械损伤、触电、急性工业中毒、溺水及其他 10 种。

图 4-6　水上自然灾害

2. 自然灾害事故

包括台风、大风、龙卷风、风暴潮、雷暴、海啸、海冰及其他 7 种。

（二）事故等级

渔业船舶水上安全事故等级划分表，见表 4-1。

表 4-1　渔业船舶水上安全事故等级划分

事故等级	死亡、失踪人数	重伤（包括急性工业中毒）人数	直接经济损失
特别重大	30 人以上	100 人以上	1 亿元以上
重大事故	10～29 人	50～99 人	5 000 万元以上 1 亿元以下
较大事故	3～9 人	10～49 人	1 000 万元以上 5 000 万元以下
一般事故	1～2 人	1～9 人	1 000 万元以下

（三）事故报告

发生渔业船舶水上安全事故后，当事人或其他知晓事故发生的人员应当立即向就近渔港或船籍港的渔船事故调查机关报告。渔业船舶在渔港水域外发生水上安全事故，应当在进入第一个港口或事故发生后 48 h 内向船籍港渔船事故调查机关提交水上安全事故报告书和必要的文书资料。船舶、设施在渔港水域内发生水上安全事故，应当在事故发生后 24 h 内向所在渔港渔船事故调查机关提交水上安全事故报告书和必要的文书资料（图4-7）。

图 4-7　事故报告

渔业船舶水上安全事故报告应当包括以下内容：

① 船舶、设施概况和主要性能数据。

② 船舶、设施所有人或经营人名称、地址、联系方式，船长及驾驶值班人员、轮机长及轮机值班人员姓名、地址、联系方式。

③ 事故发生的时间、地点。

④ 事故发生时的气象、水域情况。

⑤ 事故发生详细经过（碰撞事故应附相对运动示意图）。

⑥ 受损情况（附船舶、设施受损部位简图），提交报告时难以查清的，应当及时检验后补报。

⑦ 已采取的措施和效果。

⑧ 船舶、设施沉没的，说明沉没位置。

⑨ 其他与事故有关的情况。

第四节　渔业捕捞许可与渔业资源管理

一、渔业捕捞许可证管理

《渔业捕捞许可管理规定》规定对渔业捕捞实行许可证制度。海洋大型拖网、围网作业以及到中华人民共和国与有关国家缔结的协定确定的共同管理的渔区或者公海从事捕捞作业的捕捞许可证，由国务院渔业行政主管部门批准发放。其他作业的捕捞许可证，由县级以上地方人民政府渔业行政主管部门批准发放；但是，批准发放海洋作业的捕捞许可证不得超过国家下达的船网工具控制指标，具体办法由省、自治区、直辖市人民政府规定。捕捞许可证不得买卖、出租和以其他形式转让，不得涂改、伪造、变造。从事捕捞作业的单位和个人，必须按照捕捞许可证关于作业类型、场所、时限、渔具数量和捕捞限额的规定进行作业，并遵守国家有关保护渔业资源的规定，大中型渔船应当填写渔捞日志。

（一）船网工具指标控制

船网工具控制指标管理以省、自治区、直辖市为单位进行，农业部报国务院批准后将船网工具控制指标只下达到省一级。考虑到各地情况不同，各省、自治区、直辖市对下达的海洋捕捞业船网工具控制指标如何分配、使用和调整，《渔业捕捞许可管理规定》只做了"地方各级渔业行政主管部门控制本行政区域内捕捞渔船的数量、功率，不得超过国家下达的船网工具控制指标"的原则性规定。具体办法由各省、自治区、直辖市人民政府按《渔业捕捞许可管理规定》，结合当地的实际情况做出规定。

（二）渔业船网工具指标批准书

渔业船网工具指标批准是指标申请获得批准的具体表现形式，审批机关签发渔业船网工具指标批准书的有效期不得超过 18 个月，该时间自签发之日起计算。申请人应在有效期内先后向主管机构办理渔船制造、更新改造、购置或进口手续，向渔港监督机构申请渔船船名，向渔船检验机构申办渔业船舶检验证书手续，再向渔港监督机构申办渔业船舶登记证书，最后向渔业行政主管部门或其所属的渔政机构申办渔业捕捞许可证。

除国家另有规定外，有下列情形之一的不能进行指标申请：

1. 渔船数量或功率超过船网工具控制指标。

2. 从国外或中国香港、澳门、台湾地区进口或以合作、合资等方式引进渔船在我国管辖水域作业。

3. 不符合产业发展政策和有关法律、法规、规章的规定。

（三）渔业捕捞许可证

渔业捕捞许可证是国家批准从事渔业捕捞的证书，是合法从事渔业捕捞活动的法律凭证（图 4-8）。渔业捕捞许可证的批准发放是按照不同作业水域、作业类型、捕捞品种和渔船马力大小，由县级以上渔业行政主管部实行分级审批发放。但是批准发放渔业捕捞许可证不得超过国家下达的船网控制指标。提供渔业捕捞许可证并接受渔业行政执法人员的检查是从事渔业捕捞的单位或个人应当履行的一项义务。不论是使用渔船还是徒手作业方式从事渔业捕捞活动，都必须随船或随身携带并妥善保管。

图 4-8　申请捕捞许可证

（四）捕捞许可证的申请

申请捕捞许可证应具备下列材料：

① 渔业捕捞许可证申请书。

② 渔业船网工具指标批准书原件（海洋捕捞渔船）。

③ 有效的渔业船舶检验证书原件和复印件。

④ 有效的渔业船舶登记（国籍）证书原件和复印件。

⑤ 渔具和捕捞方法符合国家规定标准。

⑥ 渔捞日志（海洋大型、中型渔船再次申请捕捞许可证）。

⑦ 农业部远洋渔业项目批准文件（公海作业的远洋渔船）。

⑧ 农业部规定的其他条件。

发放专项（特许）渔业捕捞许可证应具备海洋或内陆渔业捕捞许可证。

二、渔业资源管理

《中华人民共和国渔业法》对捕捞渔船在渔业资源保护方面有以下要求：

① 未经国务院渔业行政主管部门批准，任何单位或者个人不得在水产种质资源保护区内从事捕捞活动。

② 禁止使用炸鱼、毒鱼、电鱼等破坏渔业资源的方法进行捕捞（图 4-9）。

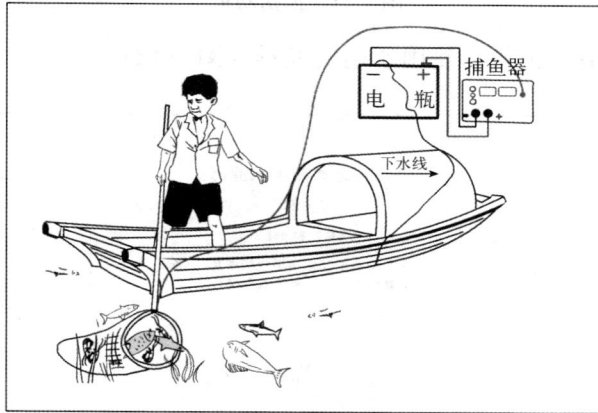

图 4-9 电 鱼

③ 禁止在禁渔区、禁渔期进行捕捞（图 4-10）。

图 4-10 非法捕捞

④ 禁止使用小于最小网目尺寸的网具进行捕捞（图 4-11）。

图 4-11　捕捞幼鱼

⑤ 禁止制造、销售、使用禁用的渔具（图 4-12）。

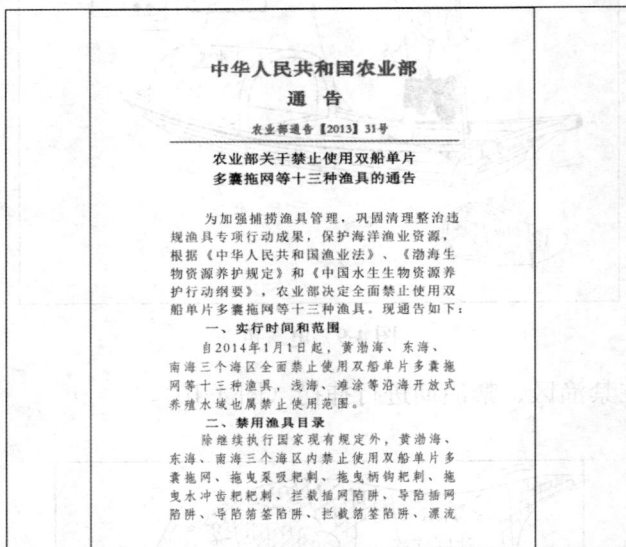

图 4-12　农业部发布禁用渔具通告（部分）

⑥ 捕捞的渔获物中幼鱼不得超过规定的比例。

⑦ 在禁渔区或者禁渔期内禁止销售非法捕捞的渔获物。

⑧ 禁止捕捞有重要经济价值的水生动物苗种。

重点保护的渔业资源品种及其可捕捞标准，禁渔区和禁渔期，禁止使用或者限制使用的渔具和捕捞方法，最小网目尺寸以及其他保护渔业资源的措施，由国务院渔业行政主管部门或者省、自治区、直辖市人民政府渔业行政主管部门规定。因养殖或者其他特殊需要，捕捞有重要经济价值的苗种或者禁捕的怀卵亲体的，必须经国务院渔业行政主管部门或者省、自治区、直辖市人民政府渔业行政主管部门批准，在指定的区域和时间内，按照限额捕捞。

三、水生野生动物管理

《中华人民共和国水生野生动物保护实施条例》是关于保护水生野生动物的行政法规，其内容主要包括水生野生动物保护、水生野生动物管理、奖励与惩罚等。本条例所称水生野生动物，是指珍贵、濒危的水生野生动物。

任何单位和个人不得破坏国家重点保护的和地方重点保护的水生野生动物生息繁衍的水域、场所和生存条件。

任何单位和个人对侵占或者破坏水生野生动物资源的行为，有权向当地渔业行政主管部门或者其所属的渔政监督管理机构检举和控告。

任何单位和个人发现受伤、搁浅和因误入港湾、河汊而被困的水生野生动物时，应当及时报告当地渔业行政主管部门或者其所属的渔政监督管理机构，由其采取紧急救护措施；也可以要求附近具备救护条件的单位采取紧急救护措施，并报告渔业行政主管部门。已经死亡的水生野生动物，由渔业行政主管部门妥善处理。捕捞作业时误捕水生野生动物的，应当立即无条件放生。

因保护国家重点保护的和地方重点保护的水生野生动物受到损失的，可以向当地人民政府渔业行政主管部门提出补偿要求。经调查属实并确实需要补偿的，由当地人民政府按照省、自治区、直辖市人民政府有关规定给予补偿。

国务院渔业行政部门主管全国水生野生动物管理工作，县级以上地方人民政府渔业行政主管部门主管本行政区域内水生野生动物管理工作。

第五节　防治污染管理

《防治船舶污染海洋环境管理条例》是为了防治船舶及其有关作业活动污染海洋环境而制定的，实行"预防为主、防治结合"的原则，其主要内容有：

一、船舶污染物的排放和接收

凡是船舶在中华人民共和国管辖海域向海洋排放的船舶垃圾、生活污水、含油污水、含有毒有害物质污水、废气等污染物以及压载水，应当符合法律、行政法规、中华人民共和国缔结或者参加的国际条约以及相关标准的要求。

船舶应当将不符合排放要求规定的污染物排入港口接收设施或者由船舶污染物接收单位接收（图 4-13）。

图 4-13　船舶污染

船舶不得向依法划定的海洋自然保护区、海滨风景名胜区、重要渔业水域以及其他需要特别保护的海域排放船舶污染物。

为了确保船舶正确处置污染物，船舶在处置污染物时，应当在相应的记录簿内如实记录。船舶应当将使用完毕的船舶垃圾记录簿在船舶上保留 2 年；将使用完毕的含油污水、含有毒有害物质污水记录簿在船舶上保留 3 年。

二、船舶有关作业活动的污染防治

从事船舶清舱、洗舱、油料供受、装卸、过驳、修造、打捞、拆解，污染危害性货物装箱、充罐，污染清除作业以及利用船舶进行水上水下施工等作业活动的，应当遵守相关操作规程，并由具备相关安全和防治污染的专业知识和技能的人员采取必要的安全和防治污染的措施。

船舶不符合污染危害性货物适载要求的，不得载运污染危害性货物，码头、装卸站不得为其进行装载作业。

三、船舶污染事故应急处置

当船舶及其有关作业活动发生油类、油性混合物和其他有毒有害物质泄漏造成海洋环境污染时便构成船舶污染事故，船舶污染事故根据事故的严重程度不同分为特别重大、重大、较大和一般事故四级。

船舶在中华人民共和国管辖海域发生污染事故，或者在中华人民共和国管辖海域外发生污染事故造成或者可能造成中华人民共和国管辖海域污染的，应当立即启动相应的应急预案，采取措施控制和消除污染，并就近向有关海事管理机构报告。

发现船舶及其有关作业活动可能对海洋环境造成污染的，船舶、码头、装卸站应当立即采取相应的应急处置措施，并就近向有关海事管理机构报告。

当船舶发生事故有沉没危险时，船员离船前，应当尽可能关闭所有货舱（柜）、油舱（柜）管系的阀门，堵塞货舱（柜）、油舱（柜）通气孔。船舶沉没的，船舶所有人、经营人或者管理人应当及时向海事管理机构报告船舶燃油、污染危害性货物以及其他污染物的性质、数量、种类、装载位置等情况，并及时采取措施予以清除。

发生船舶污染事故或者船舶沉没，可能造成中华人民共和国管辖海域污染的，有关沿海设区的市级以上地方人民政府、海事管理机构根据应急处置的需要，可以征用有关单位或者个人的船舶和防治污染设施、设备、器材以及其他物资，有关单位和个人应当予以配合。

发生船舶污染事故，海事管理机构可以采取清除、打捞、拖航、引航、过驳等必要措施，减轻污染损害。相关费用由造成海洋环境污染的船舶、有关作业单位承担。

四、船舶污染事故损害赔偿

（一）船舶污染事故的赔偿原则

造成海洋环境污染损害的责任者，应当排除危害，并赔偿损失；完全由于第三者的故意或者过失，造成海洋环境污染损害的，由第三者排除危害，并承担赔偿责任。

完全属于下列情形之一，经过及时采取合理措施，仍然不能避免对海洋环境造成污染损害的，免予承担责任：

① 战争。

② 不可抗拒的自然灾害。

③ 负责灯塔或者其他助航设备的主管部门，在执行职责时的疏忽，或者其他过失行为。

（二）船舶污染事故损害赔偿限额

船舶污染事故的赔偿限额依照《中华人民共和国海商法》关于海事赔偿责任限制的规定执行。但是，船舶载运的散装持久性油类物质造成中华人民共和国管辖海域污染的，赔偿限额依照中华人民共和国缔结或者参加的有关国际条约的规定执行。

全国渔业船员培训统编教材

农业部渔业渔政管理局 组编

对应考试大纲人员分类		书目名称	具体适用对象	定价（元）
海洋渔业职务船员	驾驶人员	航海与气象	海洋渔业船舶一级、二级驾驶人员	60
		船艺与操纵	海洋渔业船舶一级、二级驾驶人员	50
		船舶避碰	海洋渔业船舶一级、二级驾驶人员	48
		船舶管理	海洋渔业船舶一级、二级驾驶人员	38
		捕捞基础	海洋渔业船舶助理船副	40
		航海基础	海洋渔业船舶三级驾驶人员、助理船副	68
	轮机人员	船舶主动力装置	海洋渔业船舶一级、二级轮机人员	45
		船舶辅机	海洋渔业船舶一级、二级轮机人员	45
		船舶电气	海洋渔业船舶一级、二级轮机人员	50
		轮机管理	海洋渔业船舶一级、二级轮机人员	38
		轮机基础	海洋渔业船舶三级轮机人员、助理管轮	50
		船舶轮机实操手册*	海洋渔业船舶轮机人员	40
	机驾长	海洋小型船舶机驾	海洋渔业船舶机驾长	40
	无线电操作员	船舶无线电操作理论与实操手册**	远洋渔业船舶无线电操作员	50
	电机员	船舶电机理论与实操手册**	渔业船舶电机员	50
	远洋渔业驾驶人员	远洋驾驶业务	远洋渔业船舶驾驶人员	48
	远洋渔业轮机人员	远洋轮机业务	远洋渔业船舶轮机人员	40
海洋渔业普通船员（基本安全培训）		海洋渔业船员基本安全	海洋渔业船舶普通船员	50

（续）

对应考试大纲人员分类		书目名称	具体适用对象	定价（元）
内陆渔业职务船员	驾驶人员	内陆船舶驾驶	内陆渔业船舶驾驶人员	42
	轮机人员	内陆船舶轮机	内陆渔业船舶轮机人员	48
	机驾长	内陆小型船舶机驾	内陆渔业船舶机驾长	40
内陆渔业普通船员（基本安全培训）		内陆渔业船员基本安全	内陆渔业船舶普通船员	45
新增		渔业船舶水上事故案例选编***	渔业船员	40

说明：标*为实操评估使用；标**为理论考试和实操评估共同使用；标***为考试大纲之外新增内容；未作标记的全部为理论考试使用。

咨询电话： 010-59194099